Veronika Hucke war fast 20 Jahre in Führungspositionen für Kommunikation und Markenführung bekannter Unternehmen tätig, bevor sie in der zentralen Personalabteilung von Philips in Amsterdam die weltweite Verantwortung für Vielfalt und Chancengleichheit übernahm. Heute unterstützt sie als Beraterin verschiedene Dax-Konzerne sowie die UNO in Fragen zu Diversity und Inclusion (D&I).

VERONIKA HUCKE

{FAIR} FÜHREN

Campus Verlag
Frankfurt/New York

ISBN 978-3-593-51116-0 Print
ISBN 978-3-593-44238-9 E-Book (PDF)
ISBN 978-3-593-44239-6 E-Book (EPUB)

Umschlaggestaltung: total italic, Thierry Wijnberg, Amsterdam/Berlin
Satz: Fotosatz L. Huhn, Linsengericht
Gesetzt aus Minon Pro und Neue Helvetica
Druck und Bindung: Beltz Grafische Betriebe GmbH, Bad Langensalza
Printed in Germany

www.campus.de

Inhalt

UND JETZT?

FAIR FÜHREN: UNTERWEGS ZUR SPITZENLEISTUNG

Als Führungskraft heißt es heute, mit ganz unterschiedlichen Menschen fair umzugehen. Dieses Buch ist randvoll mit praktischen Tools und Tipps für ein faires Miteinander und gleiche Chancen.

Sie sind voller Tatendrang?

KAPITEL 4
Warum Vielfalt ein Erfolgsfaktor ist, wie Gruppendenken entsteht und wie es sich vermeiden lässt.

DIENSTAG
Meeting. Einige dominieren die Diskussion, aber niemand will Protokoll führen.

KAPITEL 5
Delegation ist oft nicht fair. Hier gibt es Tipps, wie es besser läuft.

Sie kennen den perfekten Kandidaten?

Zurück zu Kap. **3**

KAPITEL 6
Warum Zusammenarbeit manchmal hakt und wie Sie das verhindern. Plus: Hilfe für schwierige Gespräche.

MITTWOCH
Im Team ist eine Stelle frei.

Zurück zu Kap. **4**

Das ist Ihnen egal?

KAPITEL 12 hilft, typische Herausforderungen in internationalen Projekte zu bewältigen.

KAPITEL 11
Wie nationale Kulturen das Verhalten prägen und die Zusammenarbeit beeinflussen.

FREITAG
Sie stellen fest, wie wenige Frauen Führungspositionen haben.

Dann machen Sie heute einfach früher **Schluss**

Sie arbeiten nicht in internationalen Projekten?

Bei Ihnen hat sich noch niemand beklagt?

Zurück zu Kap. **2**

KAPITEL 13
Warum sich »Kompetenz«, »Freundlichkeit« und Geschlecht auf den Aufstieg auswirken, Fieslinge selten Karriere machen und wie Sie Vertrauen aufbauen.

KAPITEL 14 dreht sich um Barrieren, die Frauen ausbremsen, wie man Ungleichheiten systematisch angeht und wie Checklisten dabei helfen.

EINLEITUNG
Globale Trends verändern Unternehmen und stellen Vorgesetzte vor neue Herausforderungen.

MONTAG
Schon an der Kaffeemaschine Beschwerden über unfairen Umgang im Team.

Das ist Ihnen zu anstrengend? **Zurück zu Kap. 1**

KAPITEL 1
zeigt die Macht von Mikro-Ungerechtigkeiten und wie wir sie verhindern.

Um »In- und Outgroups« geht's in **KAPITEL 3**. Warum Netzwerke oft homogen sind, wie sich das ändern lässt und warum wir es tun sollten.

KAPITEL 2
dreht sich ums »covern«. Was passiert, wenn wir nicht zeigen können, wer und wie wir sind.

 **Zurück zu Kap. 1**

Sie finden, die sollen sich nicht so anstellen?

KAPITEL 7
Warum geeignete Bewerbende leicht übersehen werden und wie Sie tatsächlich die Besten rekrutieren.

KAPITEL 8
Stereotype, Vorurteile, und warum wir besonders unfair sind, wenn wir es nicht erwarten. Eine Matrix hilft zu reflektieren, was unser Urteil prägt.

Wir geben nicht allen gleich oft Feedback und auch nicht gleich gut. **KAPITEL 9** bietet Hilfe und ein Tool, um Beziehungen zu stärken.

Immer weniger Teams sitzen vor Ort zusammen. **KAPITEL 10** zeigt Hindernisse und gibt Tipps, um trotzdem Nähe zu schaffen.

DONNERSTAG
Sie sind ganz alleine im Büro. Egal, heute ist eh' alles »remote«.

Sie sind noch nicht restlos überzeugt? **Zurück zu Kap. 9**

KAPITEL 15 zeigt, dass Frauen oft weniger Unterstützung erfahren als Männer und wie Vorgesetzte aktiv werden können.

KAPITEL 16 rekapituliert die wichtigsten Erfolgsrezepte: Vorbild sein, alle im Team einbeziehen und ein Umfeld schaffen, das auf Vertrauen basiert.

Eine intensive Woche. Genießen Sie das **WOCHEN- ENDE!**

Vorwort

»Menschen verlassen keine Unternehmen, sondern ihre Vorgesetzten«, heißt es. Eventuell haben Sie das selbst schon mal erlebt und die Segel gestrichen. Dann sind Sie in guter Gesellschaft. Die Hälfte der Beschäftigten hat aus diesem Grund bereits einen Arbeitsplatz aufgegeben. Denn Spaß an der Arbeit und Erfolg im Team stehen und fallen mit den Führungskräften. Gehe ich gerne ins Büro oder hoffe ich, dass es endlich wieder Freitag wäre? Teste ich Grenzen aus und probiere Neues oder navigiere ich mit minimalem Aufwand durch den Tag? Fühle ich mich gefordert und gefördert oder einfach nur frustriert?

Herausragende Vorgesetzte zeichnen fünf Talente aus: Sie motivieren ihr Team und geben seinen Mitgliedern den Glauben, dass sie Hindernisse überwinden können. Sie schaffen eine Kultur, in der alle Verantwortung übernehmen. Sie entwickeln Beziehungen, die auf Vertrauen basieren, und treffen vorurteilsfreie Entscheidungen, die dem Team und dem Unternehmen dienen.[1]

Damit schaffen sie ein Umfeld, in dem es fair zugeht. In dem sich Menschen vertrauen und aufeinander zählen können. In dem alle »sie selbst« sind und es kein Problem ist, auch Fehler und Unsicherheiten zuzugeben oder verrückte Ideen zu teilen. In so einem Umfeld ist es in Ordnung und gewünscht, sich gegenseitig herauszufordern. Damit bietet es die besten Voraussetzungen für Spitzenleistungen.

Dieses Buch handelt davon, warum nicht alle Teams so funktionieren und was Sie tun können, damit es in Ihrem klappt.

Im Glossar werden wichtige Fachbegriffe erläutert. Im Text sind diese an der Stelle, an der sie erstmalig erwähnt werden, mit einem → gekennzeichnet.

Warum fair führen wichtig und schwierig ist

Früher war nicht alles besser, aber führen war definitiv leichter. Vorgesetzte sind heute – egal auf welcher Ebene – mit zusätzlichen Herausforderungen konfrontiert. Mega-Trends wie die Globalisierung, der demografische Wandel, neue Arbeitsformen, der Einfluss von Internet, digitalen und sozialen Medien sowie die rasant gestiegene Veränderungsgeschwindigkeit haben einen unmittelbaren Einfluss darauf, was gute Führung heute ausmacht.

In einem unsicheren Umfeld wird Vertrauen wichtiger

»Nichts ist so beständig wie der Wandel«, soll schon Heraklit gewusst haben, aber spätestens in der VUCA-Welt (*volatile*, *uncertain*, *complex*, *ambiguous*) ist das in Unternehmen Realität. Statt einzelne Veränderungsprogramme abzuschließen und danach zum Regelbetrieb zurückzukehren, sind Agilität und kontinuierlicher Wandel angesagt. Die Konsequenz? Das Umfeld verliert an Stabilität, Erfordernisse und Ansprechpartner ändern sich häufig. Das kann verunsichern. Eine Führungskompetenz wird damit immer wichtiger: Fairness. Laut Duden ein »anständiges Verhalten; gerechte, ehrliche Haltung anderen gegenüber«.

Der Ruf, fair zu sein, befähigt Vorgesetzte, ihre Teams in Zeiten der Transformation erfolgreich zu führen und Veränderungen zu gestalten.[2] Es ist logisch, dass Beschäftigte eher bereit sind, auch in unruhigen Zeiten ihr Bestes zu geben, wenn sie ihren Vorgesetzten vertrauen. Wenn sie davon überzeugt sind, gerecht behandelt zu werden, statt dass man sie bei nächster Gelegenheit im Regen stehen lässt. Voraussetzung dafür ist Verlässlichkeit – der anständige Umgang miteinander nach Regeln, die nachvollziehbar sind und für alle gleich gelten.

Diese Regeln müssen neuen Formen der Zusammenarbeit gerecht werden. Die wenigsten Abteilungen sitzen noch von 9 bis 5 Uhr gemeinsam an einem Ort. Ob international aufgestellt, den Wünschen von Beschäftigten geschuldet oder aufgrund von Real-Estate-Regelungen mit ambitionierten Zielen zur Senkung der Mietkosten, in vielen Teams sind Mitglieder heute häufig dezentral tätig. Das erfordert nicht nur einen anderen Austausch und zusätzliche Absprachen, es bietet auch einiges Potenzial für Reibereien und Missverständnisse.

Noch schwieriger wird das, wenn Menschen aus mehreren Kulturkreisen zusammenarbeiten. Dann wirken sich unterschiedliche Anschauungen und Normen auf die Kommunikation aus, darauf, wie Informationen bewertet und Entscheidungen getroffen werden. Wo ein gemeinsamer Standort noch die Chance bot, dass Mimik und Gestik Hinweise auf mögliche Missverständnisse geben, tappt man plötzlich völlig im Dunkeln und braucht neue Verfahren zur Orientierung.

Unterschiedliche Erwartungen und Erfahrungen

Die wachsende Vielfalt auf dem heimischen Arbeitsmarkt stellt Vorgesetzte vor Herausforderungen und erschwert einen fairen Umgang. Sie kennen bestimmt Bilder aus den Büros der frühen 1960er-Jahre. Die Männer rauchen, die Frauen sind adrett. Die Rollen sind klar und alle verbinden offensichtlich ähnliche Wünsche: die Männer nach einem Auto mit Heckflossen, die Frauen nach einem verlässlichen Mann. Selbst wenn dieses Bild auch die damaligen Realitäten nur unzulänglich widerspiegeln mag, hat sich die Arbeitswelt ohne jede Frage fundamental verändert.

Teams sind heute vielfältig und aus Mitgliedern mit völlig unterschiedlichen Vorstellungen, Erfahrungen und Lebensentwürfen zusammengesetzt – Menschen unterschiedlichen Geschlechts, verschiedener Gene-

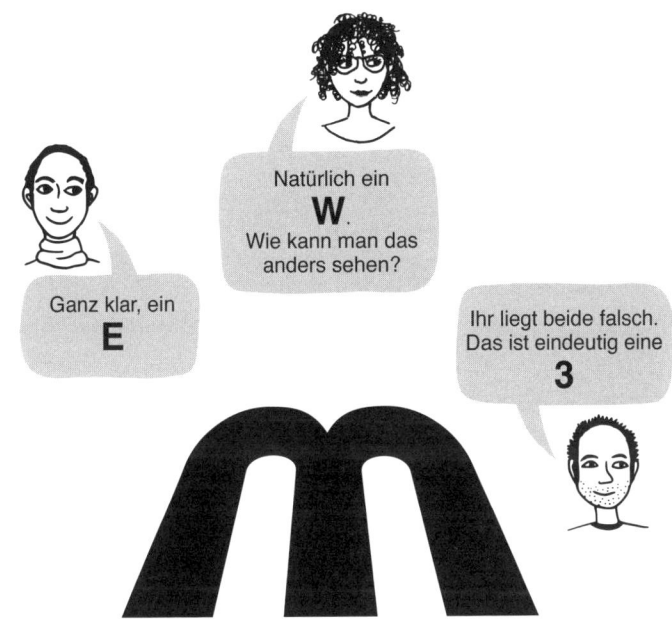

Abbildung 1: Aus verschiedenen Perspektiven, stellen sich die Dinge tatsächlich unterschiedlich dar.

rationen, Nationalitäten und Herkunft, die jeweils andere Erwartungen an ihren Job, ihr Team, ihren Arbeitgeber und ihre Vorgesetzten haben.

Während diese Vielfalt Chancen bietet, fordert sie alle Beteiligten auch regelmäßig heraus. Denn die persönliche Demografie beeinflusst immer auch die eigene Weltsicht, was man erlebt und wie man es bewertet (siehe Abbildung 1). Es beeinflusst, wie andere mit einem umgehen und wie man gern behandelt werden will.

Fair zu führen heißt, das Umfeld und das eigene Verhalten an die Bedürfnisse unterschiedlicher Menschen anzupassen. Nur so ist es möglich, gleiche Voraussetzungen zu schaffen und Barrieren abzubauen, welche die Karriere blockieren können.

Wie wichtig das ist, kann bei Beschäftigten mit sichtbaren Behinderungen ganz offensichtlich sein. Man denke nur an Ansagen in Fahrstühlen für Blinde oder breitere Türen für Menschen im Rollstuhl. Komplizierter wird es, wenn die Barrieren unsichtbar sind – zumindest für die Nicht-Betroffenen. Leider trifft das für die Mehrzahl an Hindernissen zu, die Erfolge erschweren.

Es geht selten fair zu

Welches können solche unsichtbaren Barrieren sein? Ein beliebtes Beispiel sind Sinfonieorchester. Noch 1970 waren in den Top-US-Orchestern weniger als 5 Prozent Frauen vertreten. Sie galten als weniger begabt und schlicht ungeeignet. Wer heute ins klassische Konzert geht, sieht ein anderes Bild. Aber es sind nicht die Frauen, die sich verändert haben. Stattdessen waren neue Auswahlverfahren erforderlich, um Chancengleichheit herzustellen. Beim sogenannten »blinden« Vorspielen waren die Musizierenden – die in einigen Orchestern übrigens in Socken auf die Bühne kamen, um verräterische Geräusche zu vermeiden – hinter einem Schirm verborgen. Damit wurde verhindert, dass Vorurteile das Urteil trübten. Stattdessen fand die Auswahl tatsächlich auf Basis des Könnens statt. Die Auswirkungen waren gewaltig; innerhalb von knapp 30 Jahren hatte sich der Anteil an Frauen in den Top-5-Orchestern verfünffacht.[3]

Unabhängig von diesem Erfolg ist leider auch heute noch Diskriminierung in der Personalauswahl keine Seltenheit. Immer wieder zeigen Experimente, in denen gleiche Lebensläufe unter unterschiedlichen Namen verschickt werden, dass Tim Schultheiß oder Lukas Heumann viel eher zu einem Vorstellungsgespräch eingeladen werden als Hakan Yilmaz oder Ahmet Aydin.[4] Wer dann auch noch ein Kopftuch trägt, hat wirklich schlechte Karten. Selbst mit einem modernen Look muss eine angebliche Meryem Öztürk fast fünfmal so viele Bewerbungen schreiben wie Sandra Bauer.[5]

Auch die sexuelle Orientierung kann eine unsichtbare Barriere sein. Trotz »Ehe für alle« geben auch heute noch mehr als 30 Prozent der schwulen und lesbischen Beschäftigten an, sie hätten sich am Arbeitsplatz nicht oder nur gegenüber sehr wenigen Vertrauten »geoutet«, und gerade Führungskräften gegenüber ist man vorsichtig. Von den transgender Beschäftigten verbergen sogar fast 70 Prozent ihre sexuelle Identität.[6] Der wichtigste Grund für Zurückhaltung ist die Furcht vor sozialer Ausgrenzung und dass sich andere in ihrer Gegenwart nicht mehr wohlfühlen.[7] Das wirkt sich negativ auf die Ergebnisse von Unternehmen aus, denn auch vermeintlich »private« Aspekte beeinflussen selbstverständlich die Produktivität und die Fluktuationsrate. Wer sich jedes Mal unwohl fühlt oder sich eine Geschichte ausdenken muss, wenn nach Wochenendaktivitäten oder der Familie gefragt wird, kann im Job kaum aufblühen.

Ausgebremst

→ *Stereotype*, Vorurteile oder unbewusste Präferenzen (→ *Unconscious Bias*) beeinflussen nicht nur, was man jemandem zutraut. Sie definieren auch, was für ein Verhalten als wünschenswert oder auch nur akzeptabel gilt. An der Columbia-Universität wurden im Rahmen einer Vorlesung zwei Lebensläufe an die Studierenden verteilt. Die einen sollten einen Kandidaten namens Howard beurteilen, die anderen sich ein Bild von Heidi machen. Was sie nicht wussten: Beide Gruppen arbeiteten mit dem exakt gleichen Lebenslauf von Heidi Roizen, einer erfolgreichen Unternehmerin und Investorin im Silicon Valley. Dem Urteil über die beiden war das nicht anzumerken. Während Howard viele positive Rückmeldungen erhielt, als Gewinn für ein Unternehmen, als engagiert, erfolgreich und sympathisch eingeschätzt wurde, war Heidi weit weniger beliebt. Sie wurde als machthungrig eingeschätzt, zu wenig bescheiden und vor allem auf ihr eigenes Fortkommen bedacht. Sie war den Befragten schlicht zu aggressiv. Wie gesagt: Es war genau derselbe Lebenslauf. Das Einzige, was die Einschätzung beeinflusste, war die – unbewusste – Vorstellung über angemessenes Verhalten von Männern und Frauen.[8]

Eine solche Erwartungshaltung trifft selbstverständlich nicht nur Frauen. Sie wirkt sich auch auf Männer aus, die beispielsweise nicht dem Bild des »typischen« Alphatiers entsprechen oder wenn ihnen der Job nicht über alles geht. Eine Analyse der Yale-Untersuchung zeigt, dass männliche Vorstände, die viel reden, als kompetenter wahrgenommen werden als stillere Kollegen.[9] Gegen klassische → *Geschlechterstereotype* haben auch Männer verstoßen, die im Bewerbungsprozess freundlich und bescheiden auftraten. Die Konsequenz? Sie wurden kritischer betrachtet und weniger positiv beurteilt als Mitbewerberinnen, von denen dieses Verhalten schlicht erwartet wird.[10]

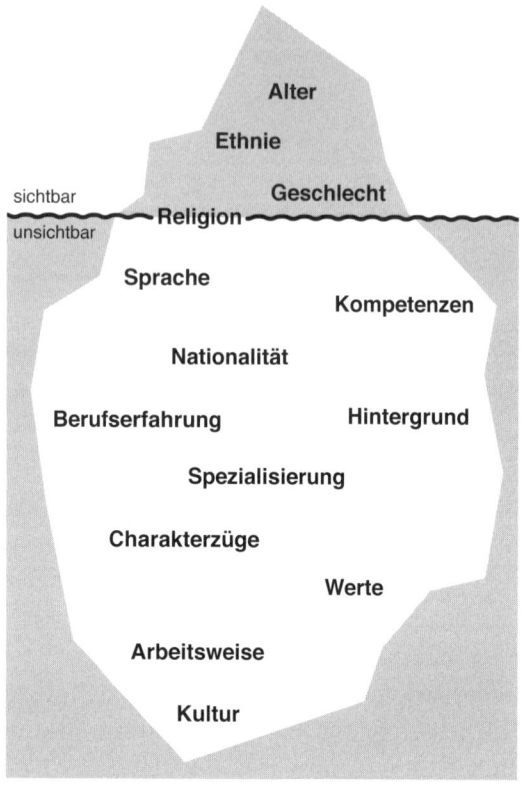

Abbildung 2: Viele Aspekte, die Menschen unterscheiden, sind unsichtbar.

Laut einer Untersuchung von A. T. Kearney erlebt zudem jeder zweite Mann aufgrund familiärer Verpflichtungen Beeinträchtigungen im Job. Jeder Vierte befürchtet negative Auswirkungen auf die Karriere.[11] Gleichzeitig zeigt eine australische Untersuchung, dass Männern der Wunsch, flexibel zu arbeiten, doppelt so oft abgeschlagen wird wie Frauen, selbst wenn es sich um eine kürzere Frist handelt.[12]

Was diese Beispiele illustrieren: Statt Wertschätzung zu erleben und bei der Karriere Rückenwind zu haben, bläst Menschen, die von echten oder vermeintlichen »Standards« abweichen, sehr häufig der Wind ins Gesicht. Dabei basieren längst nicht alle »Abweichungen« auf sichtbaren Unterschieden. Viele Aspekte, die uns und unsere Persönlichkeit ausmachen, sind unsichtbar (siehe Abbildung 2).

Rückenwind für die Karriere

Was können Unternehmen und Vorgesetzte tun, damit Menschen im Job aufblühen und Erfolge feiern?

Schon Mitte des letzten Jahrhunderts hat sich Abraham Maslow Gedanken darüber gemacht, was für ein erfülltes Leben erforderlich ist. Er ist einer der Gründerväter der humanistischen Psychologie. Sie geht davon aus, dass Menschen nicht durch niedere Triebe gesteuert, sondern durch ein angeborenes Wachstumspotenzial angetrieben werden. Ihr höchstes Ziel ist Selbstverwirklichung.

Die »Maslowsche Bedürfnispyramide« hat den Weg dorthin noch in fünf Stufen beschreiben. Heute wird zunehmend eine dynamische Darstellung gewählt (siehe Abbildung 3). Schließlich stehen unsere Bedürfnisse nicht in einer »Eines nach dem anderen«- oder einer »Alles oder

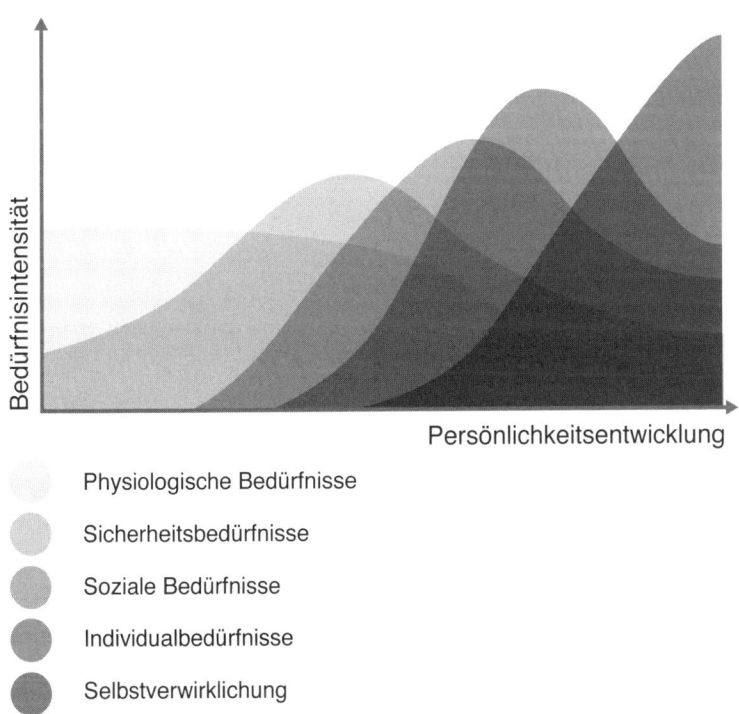

Abbildung 3: Die Maslowsche Bedürfnispyramide als dynamische Darstellung

nichts«-Beziehung. Sie müssen nicht zu 100 Prozent erfüllt sein, bevor uns das nächste wichtig wird. Auch bezogen auf den Job leuchtet das ein. Selbst wenn das Großraumbüro nervt und der Rechner nicht so schnell ist, wie er sein sollte, will ich mit netten Menschen zusammenarbeiten und gemeinsam mit ihnen Erfolge feiern.

Aber ganz unabhängig von der Darstellung haben die damals beschriebenen Bedürfnisse nicht an Aktualität verloren. Deshalb lohnt sich der Blick darauf, was Menschen laut Maslow brauchen, um zufrieden und glücklich zu sein. Er beschreibt fünf Kategorien von Bedürfnissen, von elementar bis wirklich erfüllend. Auf die Arbeitswelt übersetzt sieht das dann in etwa so aus:

- **Physiologische Bedürfnisse:** ein angenehmer Arbeitsplatz, an dem man vernünftig arbeiten kann, eine anständige Kantine, die auch Obst oder etwas Vegetarisches anbietet – oder eine Currywurst.
- **Sicherheitsbedürfnisse:** ein Beschäftigungsverhältnis ohne Angst, weder um Leib und Leben noch vor Mobbing oder dem Verlust des Arbeitsplatzes.
- **Soziale Bedürfnisse:** eine gute Beziehung zu den Menschen, mit denen ich arbeite. Sich aufgehoben fühlen. Ein Umfeld, dem ich vertraue und auf das ich mich verlassen kann.
- **Individualbedürfnisse:** der Wunsch nach Erfolg, Ansehen und Anerkennung. Wertschätzung erleben, egal wofür man stehen möchte.
- **Selbstverwirklichung:** das eigene Potenzial ausschöpfen. Sich gefordert fühlen, an meine Grenzen gehen. Neues lernen und erleben und daran wachsen.

Ein faires Umfeld schaffen

Grundsätzlich gilt: Ob das Umfeld für mich passend ist, hängt stark von meiner persönlichen Demografie ab. Davon, wer ich bin, wo ich herkomme, welche Erfahrungen ich im Laufe meines Lebens gemacht habe. Denn die Standards werden zunächst einmal von und für die Mehrheit gesetzt.

Sehr deutlich kann man das beispielweise an den Wochenendtagen sehen: Anders als in traditionell christlichen Ländern fällt das Wochenende in muslimischen Ländern zumeist auf Freitag und Samstag. Aber ganz egal, ob ich religiös bin und welcher Religion ich angehöre, in den allermeisten Fällen definiert mein Wohnort die arbeitsfreien Tage.

Aber Standards sind nicht in Stein gemeißelt. Wenn sie nicht mehr passen, lassen sie sich ändern. Selbst wenn es um das Wochenende geht. Was es dafür braucht? Problembewusstsein und den Willen zur Veränderung. In Saudi-Arabien waren bis 2013 Donnerstag und Freitag frei. Das war ein echtes Hindernis für internationale Geschäftsbeziehungen. Die einzige Möglichkeit, das Problem zu beseitigen, bestand darin, das Wochenende auf Anweisung des Königs um einen Tag zu verschieben, sodass es nun wie in den anderen muslimischen Ländern liegt.

Fair führen bietet Ihnen einen neuen Blick auf ungerechte Standards und wie Sie sie ändern können. Auf Barrieren und Herausforderungen, mit denen – im wahrsten Sinne des Wortes – »andere« konfrontiert sind. Sie bekommen einen Eindruck von dem Preis, den diese ebenso wie Sie und Ihr Unternehmen dafür zahlen und warum es sich lohnt, unterschiedlichen Menschen gleiche Möglichkeiten einzuräumen. Zudem erhalten Sie Tipps und Impulse, wie Sie persönlich Ihr Verhalten ändern können, um dabei zu helfen, ein faires und gleichberechtigtes Umfeld zu schaffen.

Wenn Sie sich auf die nächsten Kapitel einstimmen und noch mehr aus ihnen mitnehmen wollen, lohnt es sich, ein paar Minuten über die folgenden drei Fragen zu reflektieren:

- Hatten Sie schon einmal das Gefühl, Sie gehören »nicht richtig dazu«? In einer Gruppe, bei einer Veranstaltung oder Diskussion? Was war das für eine Situation?
- Wie hat sich das angefühlt? Wie ging es Ihnen dabei? Hat es Sie ärgerlich gemacht oder traurig? Haben Sie sich vielleicht allein gefühlt oder wütend?
- Wie sind Sie damit umgegangen? Was haben Sie gemacht? Haben Sie sich weiter abgegrenzt? Sich eventuell auch räumlich von den

anderen entfernt? Haben Sie sich stärker engagiert, um gesehen zu werden und Ihre Meinung einzubringen? Sind Sie verstummt und haben zugehört? Oder haben Sie eventuell einfach abgeschaltet?

TEIL 1
TAG FÜR TAG

Im ersten Teil des Buches geht es weniger um fair führen als schlicht ums Fair-sein – als Führungskraft oder im tagtäglichen Miteinander. Darum, wie wir durch unser Verhalten andere unterstützen oder ihnen das Leben unnötig schwer machen.

Das Kapitel 1 »*Stellen Sie sich nicht so an*« illustriert die Macht an sich trivialer Handlungen, mit denen wir andere – auch unbewusst – verletzen. Es beleuchtet, wie Kleinigkeiten ein Eigenleben entwickeln können, und hilft, das eigene Verhalten zu reflektieren.

Kapitel 2 »*In verdeckter Mission*« dreht sich um Ungerechtigkeiten, die Menschen aufgrund ihrer Demografie widerfahren. Weil sie schwul sind zum Beispiel oder schwarz und deshalb eventuell in einer Schublade landen, selbst bei Menschen, die sich als liberal bezeichnen würden. Das Kapitel erklärt, wie die Betroffenen mit der Situation umgehen, und gibt Tipps, um sie zu unterstützen.

Das dritte Kapitel »*Gleich und gleich gesellt sich gern*« steigt tiefer in das Konzept von Gruppen ein. Wen wir als »wir« definieren und wen als »die anderen« und wie sich das auf unser Verhalten und unser Urteil auswirkt. Der Bekanntenkreis der meisten Menschen ist ziemlich homogen. Das Kapitel zeigt, was Sie dadurch verpassen und wie Sie es ändern können.

Kapitel 1
Stellen Sie sich nicht so an

Wie Mikro-Ungerechtigkeiten und -Aggressionen uns den Spaß an der Arbeit rauben

»Nächster Agendapunkt: unser Team Offsite. Yasmin hat mich vorhin auf dem Korridor angesprochen und sie hat eine tolle Idee. Na komm, erzähl schon«, ermuntert Peter seine Mitarbeiterin. Die lässt sich das nicht zweimal sagen und legt mit Elan los. Peter blickt begeistert in die Runde: »Und? Was sagt ihr?«

Es ist Johannes, der zuerst das Wort ergreift. »Ich finde, wir sollten einen Rahmen finden, der die Inhalte stärker unterstützt«, fängt er an, während sein Chef sich seinem Smartphone zuwendet. »Ich habe mir da was überlegt ...«

Den Blick fest auf seinem Handy steht Peter langsam vom Stuhl auf. »Entschuldigt mich, ich muss kurz telefonieren. Macht einfach weiter«, sagt er und verlässt den Raum.

*

»Ich habe es so satt!«, Johannes sitzt am Schreibtisch und lässt die Schultern hängen. »Ich kann machen, was ich will, aber Peter ignoriert mich einfach. Es ist unfair!«

»Ach komm. Ein Telefonat. Das kann doch mal passieren.«

»Es ist doch nicht nur heute. Für die Vorbereitung der großen Präsentation letzten Monat sollte ich ihm meine Inhalte zuschicken. Mit Yasmin hat er sich zusammengesetzt, und sie war auch bei den Abstimmungsmeetings mit den anderen Bereichen dabei. Mir hat er gesagt, er meldet sich, wenn es Fragen gibt.«

»Vielleicht war ja alles klar?«

»Offensichtlich nicht. Von meinen Empfehlungen ist nicht viel geblieben.«

»Hast du ihn darauf angesprochen?«

»Klar. Ich habe ihn um eine Rücksprache gebeten. Die hat er zweimal verschoben und den dritten Termin dann ganz abgesagt.«

Natürlich gibt es sie, ganz offensichtliche Diskriminierung, bei denen allen die Ungleichbehandlung deutlich auffällt und offene Entrüstung auslöst. Das Gros der Benachteiligungen findet jedoch anders statt. Es sind zahllose alltägliche kleine Zeichen mangelnder Wertschätzung.

Mikro-Ungerechtigkeiten

→ *Mikro-Aggressionen* oder → *Mikro-Ungerechtigkeiten* richten sich vor allem gegen Menschen, die in einer Gruppe keinen besonders starken Stand haben. Mit ihnen fühlen sich die Beteiligten weniger verbunden oder sie reiben sich an ihnen, weil sie anders sind oder mit ihrem Arbeitsstil anecken. Obwohl jeder einzelne Vorfall ohne besondere Relevanz ist, können Mikro-Ungerechtigkeiten den Betroffenen mit der Zeit tiefe Verletzungen zufügen.

Am Anfang bin ich vielleicht nur ein bisschen irritiert, habe den Eindruck, dass meine Ideen in Besprechungen weniger zählen. Vielleicht schreibt meine Chefin E-Mails, während ich präsentiere, oder ist mit etwas beschäftigt, das mit meinen Erläuterungen offensichtlich nichts zu tun hat. Habe ich auf eine Nachfrage nicht gleich eine Antwort, ernte ich ein Kopfschütteln und den Kommentar: »Das hätten Sie aber schon voraussehen und vorbereiten können.« Eventuell werde ich nicht zu einer Arbeitsgruppe oder einer Veranstaltung eingeladen, obwohl ich qua Funktion eine Menge beitragen könnte.

Mikro-Ungerechtigkeiten können viele Formen annehmen. Wenn ich mich zu Wort melde oder einen Beitrag leiste, werden meine Ausführungen öfter einfach übergangen. Insistiere ich, rollt jemand mit den Augen. Es werden vielleicht Witze auf meine Kosten gemacht –

nichts Schlimmes, aber irritierend ist das schon. Selbst wenn sie nicht zu meinen Aufgaben gehören, landen unbeliebte Tätigkeiten immer wieder bei mir – Kaffee machen, Konferenzräume buchen, schnell etwas kopieren oder ausdrucken. Bei der Einladung zu einem Treffen werde ich vergessen. Der Rest des Teams bricht zum Essen auf und keiner bemerkt, dass ich fehle.

All das sind Beispiele für Mikro-Aggressionen. Menschen wird durch das Verhalten und Gesten vermittelt, dass sie weniger geschätzt werden oder man von ihrer Arbeit nicht sonderlich beeindruckt ist. Jeder einzelne Vorfall wäre ohne Bedeutung – »kann mal passieren« –, doch aufgrund der Häufung werden sie zu einem schleichenden Gift.

Die Betroffenen haben lange Zeit keine Ahnung, was da abläuft. Es sind alles Kleinigkeiten, vielleicht ein Zufall oder ein Versehen, eventuell ist man auch nur selbst überempfindlich. Aber während der Kopf noch nach Erklärungen sucht, beginnen die Zurückweisungen im Unterbewusstsein zu wirken und untergraben das Selbstvertrauen.

Gerade dass die einzelnen Vorfälle trivial erscheinen, macht sie so zerstörerisch. Wenn man schon selbst kaum greifen kann, was geschieht, sind auch andere oft für das Geschehen blind. Wem offensichtliche Diskriminierung begegnet, kann auf Verständnis hoffen. Darauf, dass es Kanäle und Regelungen gibt, um die Situation abzustellen. Wer unter Mikro-Aggressionen leidet, erlebt das hingegen eher selten.

Selbst Familie und Bekannte reagieren vielleicht zunächst ungläubig. »Bist du sicher?«, »Vielleicht bildest du dir das nur ein?«, »Das hat doch jeder schon mal erlebt«, sind häufige Reaktionen, welche die Betroffenen davon abhalten können, rechtzeitig in die Offensive zu gehen und das Problem anzusprechen. Stattdessen verharren sie in einem Zustand, der zunehmend schmerzhafter wird.

Irgendwann entwickeln die Dinge ein Eigenleben. Die Betroffenen ziehen sich zurück, werden zunehmend unsichtbar und bleiben weit hinter ihren Möglichkeiten zurück. Oder sie reagieren genervt und ruppig, um sich gegen die unfaire Behandlung zu wehren, ohne dass andere begreifen, wo der plötzliche Sinneswandel herrührt. Dann gelten sie als schlecht gelaunt, »haben ihre Tage« oder verstehen einfach keinen Spaß. Teamplayer sind sie auch nicht, weil sie sich lautstark dagegen verwehren, mal etwas für die Gruppe zu erledigen. Irgendwann verlassen sie das Unternehmen oder im Umfeld verfestigt sich ein negatives Bild und sie werden abgeschrieben.

Ungerecht ist man auch aus Versehen

Wichtig ist es, zu realisieren, dass Mikro-Ungerechtigkeiten für die Betroffenen Auswirkungen haben können, die weit über die triviale Natur des einzelnen Vorfalls hinausgehen. Dabei ist den Verursachenden ihr Verhalten zum Teil noch nicht einmal bewusst, denn es handelt sich längst nicht immer um gezieltes Piesacken – darum, den besonders nervtötenden Kollegen mit einigen gut getimten Gemeinheiten auf seinen Platz zu verweisen.

Mikro-Ungerechtigkeiten können sich sogar gegen völlig fremde Menschen richten. Das geschieht, wenn Stereotype beziehungsweise unsere persönlichen Vorurteile zum Tragen kommen. Deutsche mit Migrationshintergrund können davon ein Lied singen. Regelmäßig gefragt zu werden, wo man denn herkomme – also jetzt richtig –, mag dem Fragenden als ein Zeichen echten Interesses erscheinen. Beim Gegenüber kommt es eher an als »Sie gehören hier aber nicht wirklich hin« (siehe Tabelle 1).

Als »ethnischen Ordnungsfimmel« bezeichnet das Ferda Ataman, als sie eine Szene aus *Das Supertalent* beschreibt.[13] Mit der Aussage eines kleinen Mädchens, es käme aus Herne, will sich Dieter Bohlen nicht zufriedengeben und bohrt weiter, fragt nach den Eltern und sogar den Großeltern. »Das Interessante an der Szene: Das kleine Mädchen kapiert gar nicht, worauf der Mann hinauswill. Hier prallen zwei Welten aufeinander, die nicht nur mit 60 Jahren Altersunterschied erklärt werden können. Offenbar hat die kleine Melissa, so heißt das Mädchen, ihre Karriere als ›Deutsch-Asiatin‹ noch nicht angetreten. Das Kind dachte bis zu dieser Begegnung doch tatsächlich, es sei aus Herne und von hier. Leider wird ihr im Laufe ihres Lebens wohl noch öfter klargemacht, dass das nicht so sei.«

Einen Angriff auf ihr Selbstbild erlebt auch die IT-affine Seniorin,

Thema	Mikro-Aggression	Botschaft
Fremd im eigenen Land	»Wo kommst du her?« »Wo bist du geboren?« »Du sprichst aber gut Deutsch!« »Wie heißt das denn bei euch?«	Du bist nicht von hier. Du bist Ausländer.
Zuschreibung von Intelligenz	»Du bist eine Zierde für die hier lebenden xxx (Nationalität).« »Du kannst dich aber gut artikulieren!«	Eigentlich erwarte ich von »Menschen wie dir« nicht besonders viel. Es ist ungewöhnlich für jemanden »wie dich«, sich präzise ausdrücken zu können.
Kriminalisierung	Verkaufspersonal folgt Menschen mit ausländischen Wurzeln durch das Geschäft. Menschen warten auf den nächsten Fahrstuhl.	Du bist vermutlich kriminell. Du bist potenziell gefährlich.
Leugnen von individuellem Rassismus	»Ich habe Freunde, die sind xxx (Hautfarbe/Nationalität).« »Als Frau kenne ich Diskriminierung und weiß, was du durchmachst.«	Ich bin wegen meines Freundeskreises immun gegen Rassismus. Ich kann kein Rassist sein. Wir machen die gleichen Erfahrungen.
Mythos der Meritokratie	»Ich denke, die qualifizierteste Person sollte den Job bekommen.« »Alle können hier Erfolg haben, wenn sie sich nur genug anstrengen.«	Wenn Organisationen die persönliche Demografie bei der Personalauswahl berücksichtigen, schafft das unfaire Vorteile. Menschen, die nicht erfolgreich sind, sind einfach zu faul, strengen sich nicht an oder sie sind nicht klug genug.
Kulturelle Werte beziehungsweise den Verhaltensstil pathologisieren	Bei Schwarzen: »Warum musst du immer so laut sein? Beruhig dich doch einfach mal.« Bei Asiaten: »Warum bist du immer so still? Sag doch mal was. Wir wollen wissen, was du denkst.«	Agiere so, wie es hier üblich ist. Vergiss deine kulturellen Wurzeln.

Tabelle 1: Beispiele rassistischer Mikro-Aggressionen[14]

die mit einem beeindruckten »Sie machen das toll, und das in Ihrem Alter!« bedacht wird. Obwohl sie locker die Herausforderungen moderner Technik meistert, wird ihr deutlich gemacht, dass es diesbezüglich doch erheblichen Grund zu zweifeln gab. Das vermeintliche Kompliment ist damit vergiftet. Ohne eigenes Zutun befindet sie sich in einer »uphill battle«, muss Können und Kompetenz gegenüber einem misstrauischen Menschen demonstrieren. Dass das erheblich schwieriger ist, als wenn grundsätzlich erst mal Vertrauen in die Fähigkeiten besteht, haben die meisten von uns vermutlich schon einmal erlebt.

Mikro-Ungerechtigkeiten treffen nicht nur Einzelne

Die größte und lautstärkste Debatte ist in diesem Kontext aktuell sicherlich die Genderdiskussion. Die eine Seite bezweifelt, dass es wirklich nötig sei, die deutsche Sprache dermaßen zu verunstalten. Hält es für eine völlig sinnfreie Aktion übermäßig engagierter Feministinnen, die ein nicht existierendes Problem adressieren, weil ihnen der Unterscheid zwischen Sexus und Genus unbekannt ist. Der Genus ist eine grammatische Kategorie, eine vom Sexus – dem natürlichen Geschlecht – abstrahierende Ausdrucksform. Es heißt ja auch »die Tür« oder »der Stuhl«. Offensichtlich ist die Diskussion also absurd. Und außerdem ist man mit dem generischen Maskulinum, das Männer und Frauen gleichermaßen umfasst, seit ewigen Zeiten gut gefahren.

Das stimmt nicht, sagt der Sprachwissenschaftler Prof. Dr. Anatol Stefanowitsch. »Lange existierte gar keine feminine Form, die von einer männlichen abgeleitet werden konnte. Bis dahin wurden meist wirklich nur Männer angesprochen, etwa bei Wahlen. Als dann auch Frauen wählen durften, hieß es: Also gut, ab jetzt sind sie mit ›Wähler‹ auch gemeint.«[15] Das generische Maskulinum ist eigentlich also gar nicht generisch. Als Frauen mehr Rechte erhielten, wurde die gesellschaftliche Veränderung sprachlich nicht vollzogen. Stattdessen wurde die männliche Form generisch und Frauen sind seitdem »mitgedacht« oder »mitgemeint«.

Das ist eine Mikro-Aggression. Es ist, als ob Sie auf eine Party kommen, aber während alle anderen per Handschlag begrüßt werden, ernten

Sie noch nicht mal ein Kopfnicken, um Ihre Anwesenheit zur Kenntnis zu nehmen. Es ist, als seien Sie unsichtbar.

Dass das »Mitmeinen« nicht besonders gut funktioniert, zeigt inzwischen eine wachsende Zahl an Studien. Hilfreich sind dabei Vergleiche mit dem Englischen, in dem es kein grammatisches Geschlecht gibt. Allerdings beeinflussen dort stereotype Vorstellungen von Beruf und Geschlecht die Erwartungshaltung. Experimente belegen, dass diejenigen, die etwas über einen »doctor«, »lawyer« oder »expert« hören, an einen Mann denken. Aber obwohl es auch im deutschsprachigen Raum klare Vorstellungen von Männer- beziehungsweise Frauenberufen gibt, radiert das grammatikalische Geschlecht stereotype Assoziationen aus.[16] Wer von Grundschullehrern hört, kommt bestenfalls nach einigem Nachdenken darauf, dass es sich auch um Lehrerinnen handeln könnte.

Den gleichen Effekt erleben alle, die im eigenen Umfeld nach besonders berühmten oder bewunderten Sportlern, Wissenschaftlern, Schauspielern oder Autoren fragen. Die überwiegende Mehrzahl der Nennungen werden Männer sein. »Auch Frauen?«, wird dann eventuell nachgefragt, was illustriert, dass die Frage ganz und gar nicht eindeutig ist.

Die begeisterte Anhängerschaft kann das nicht verwundern, spiegele es doch die gesellschaftliche Realität wider. Männersport sei einfach schneller und spannender. Zudem wurden mehr Männer als Frauen mit einem Nobelpreis ausgezeichnet, sind Stars in Blockbustern oder haben berühmte Werke geschrieben. Sobald Frauen gleichziehen, wird sich das Problem angeblich erledigen. Doch das generischen Maskulinum trägt dazu bei, den Status quo zu erhalten. Denn schon Kinder reagieren auf die Ambiguität.

Männerberufe? Frauenberufe?

Forschende an der FU Berlin wollten wissen, ob sich durch Sprache Geschlechterstereotype bei der Berufswahl aushebeln lassen. Ob Sprache, welche die Aufmerksamkeit darauf lenkt, dass auch Frauen »typisch männliche Berufe« ausüben, die Wahrnehmung von Kindern beeinflussen kann.

Dazu wurden Kindern zwischen sechs und zwölf Jahren Berufsbezeichnungen vorgelesen – entweder in der männlichen und weiblichen Form oder nur einzeln in der männlichen Pluralform. Das Ergebnis war eindeutig: Kinder, denen Anzeigen für »Ingenieurinnen und Ingenieure« oder »Automechanikerinnen und Automechaniker« präsentiert worden waren, trauten sich viel eher zu, einen Beruf zu ergreifen, in dem Frauen aktuell unterrepräsentiert sind.[17]

Wenn nur die männliche Pluralform genannt wurde, wurden solche Berufe als weniger leicht erlernbar und schwieriger eingeschätzt. Für Mädchen seien sie damit – nach der eigenen Einschätzung – weniger geeignet. Mädchen verlieren nämlich schon sehr früh den Glauben daran, dass sie große Herausforderungen meistern können. In einem Experiment wurde Kindern zwischen fünf und sieben Jahren eine Geschichte mit einer »sehr, sehr klugen« Hauptperson vorgelesen, ohne dass es irgendwelche Hinweise auf ihr Geschlecht gab. Anschließend sollten die Kinder auf vier Fotos – jeweils zwei mit Frauen und Männern – die Protagonisten identifizieren. Die Fünfjährigen entschieden sich jeweils für eine Person ihres Geschlechts. Die Sechs- und Siebenjährigen entschieden sich eher für einen der beiden Männer, und zwar sowohl die Jungen als auch die Mädchen. Zum gleichen Zeitpunkt verringerte sich bei den Mädchen auch das Interesse, sich auf Spiele einzulassen, für die man angeblich besonders schlau sein muss. Stattdessen entschieden sie sich lieber für solche, die harte Arbeit erfordern.[18] Die direkte Ansprache ist für Mädchen daher ein wichtiger Mutmacher.

Was zeigt das? Um fair zu sein, reicht es nicht, aktiv zu werden, wenn man es selbst für nötig hält. Ob mein Verhalten in Ordnung ist oder nicht, definiert sich vor allem in der Erfahrung, die andere damit machen. Der weiterreichenden Konsequenzen meines Verhaltens bin ich mir zudem häufig nicht bewusst. Umso wichtiger ist es, offen für Feedback zu sein und Kritik ernst zu nehmen, selbst wenn sie einem selbst eventuell wenig relevant erscheint.

Ein paar Tipps zur geschlechtergerechten Sprache

Eventuell ist es zunächst ungewohnt, sich um geschlechtergerechte Sprache zu bemühen, aber es ist nicht sonderlich schwer. Diejenigen, die in einem Kontext (ausschließlich) Frauen und Männer adressieren wollen, sollten das am besten einfach tun (zum Beispiel Mitarbeiterinnen und Mitarbeiter). Als Alternativen, die zusätzlich auch Menschen ansprechen, die sich mit keinem dieser beiden Geschlechter identifizieren, bieten sich der Genderstern (Mitarbeiter*innen) oder -strich (Mitarbeiter_innen) an. Geschlechtergerecht lässt sich auch sprechen und schreiben, indem man geschlechtsneutrale Formen, Institutions-, Funktions- beziehungsweise Kollektivbezeichnungen nutzt oder Texte umformuliert (siehe Tabelle 2).

Geschlechts-neutrale Formen	Geschlechtsneutrale Bezeichnungen: Person, Mitglied, Elternteil et cetera Wortzusammensetzungen mit -person, -kraft, -hilfe, -leute (Bezugsperson, Führungskraft und so weiter) Personenbezeichnungen, die im Plural geschlechts-neutral sind (zum Beispiel die Teilnehmenden)
Institutions-, Funktions- und Kollektiv-bezeichnungen	Sekretariat, Leitung, Vertretung
Umformulierungen	Unpersönliche Pronomen (diejenigen, alle, wer et cetera) Adjektive statt Nomen: beratende Tätigkeit Passivformen: »Nach dem Absolvieren des Seminars sind alle berechtigt, ...« »Sie sind engagiert und erfahren ...« Plural verwenden (zum Beispiel »Alle, die ...«, »Personen, die ...«)

Tabelle 2: Geschlechtergerechte Formulierungen

Ich gebrauche in diesem Buch konkrete Geschlechterbezeichnungen (hoffentlich ausschließlich), wenn sie relevant sind, weil beispielsweise Männer oder Frauen das Ziel einer Studie waren oder weil sie eine bestimmte Botschaft unterstreichen. Andernfalls nutze ich neutrale Begriffe beziehungsweise habe dem Unterstrich vor dem sogenannten

Genderstern den Vorrang gegeben, weil er für diejenigen tendenziell besser funktioniert, die eine Screenreader-App nutzen.

Tipps für den Umgang mit Mikro-Aggressionen

<u>Nehmen Sie Ihr eigenes Verhalten unter die Lupe.</u> Überprüfen Sie, ob Sie eventuell versehentlich andere verletzen. Vielleicht gibt es sogar Menschen, die Sie systematisch kleinhalten.

<u>Werden Sie aktiv.</u> Beobachten Sie, was zum Beispiel in Meetings abläuft, und schaffen Sie bei Bedarf einen Gegenpol. Ermuntern Sie andere, zu sprechen, die offensichtlich einen Beitrag leisten möchten und nicht zum Zug kommen. Zeigen Sie Interesse und Wertschätzung. Suchen Sie gegebenenfalls das Gespräch mit denjenigen, die – vielleicht ungewollt – andere verletzt haben, und weisen Sie sie auf ihr Verhalten hin.

<u>Vermeiden Sie Fragen oder Komplimente, die auf Stereotypen beruhen.</u> Man muss nicht blond sein, um aus Herne zu kommen. Wenn Sie sich wundern, wer etwas Bestimmtes kann, reflektieren Sie über Ihr Weltbild, statt Ihrem Erstaunen – auch als Kompliment – Ausdruck zu verleihen.

<u>Achten Sie auf eine geschlechtergerechte Sprache.</u> Vermeiden Sie das generische Maskulin. Nutzen Sie gendergerechte Sprache, damit sich alle angesprochen fühlen.

Kapitel 2

In verdeckter Mission

Was es heißt, wenn Sie bei der Arbeit nicht so sein dürfen, wie Sie sind

»Kennt ihr den? Kommt ein Schwuler in eine Bar ...«, fast verschluckt sich Linda angesichts der großartigen Pointe. Auch die Kollegen sind begeistert, nur Johannes nicht.

»Was denn? Hast du ein Problem?«

»Ich finde das nicht lustig. Das ist homophob.«

»Dein Ernst? Spaßbremse! Also ich habe einen Freund, der ist schwul, der fand den auch witzig. Und von dieser ganzen politischen Korrektheit hält er nix. Bisschen Spaß muss schließlich sein.«

Natürlich kann man im Prinzip über alles Witze machen, aber man tut es nicht. Wer sein persönliches Repertoire im Geist Revue passieren lässt, stellt das schnell selber fest. Obwohl Witze eine großartige Möglichkeit bieten, Unterschiede zu überbrücken und Gemeinsamkeiten zu feiern, werden sie oft als Waffe eingesetzt. Schon für Aristoteles war Humor ein Ausdruck von Überlegenheit.[19]

Witze gibt es über Blondinen und Friseurinnen, die erwartungsgemäß nicht bis drei zählen können. Lehrer und faule Beamte sind ein ebenso beliebtes Sujet, während medizinisches Personal oder Feuerwehrleute – Berufe, die bei den Deutschen besonders angesehen sind – nicht oder nur unter Insidern vorkommen. Auch »Bankster«-Witze hatten vor allem Konjunktur, als deren Ansehen mit der Finanzkrise ganz gewaltig ins Rutschen kam.

Witze zur eigenen Statusaufwertung zelebrieren Stereotype – negative. Man denke nur an Witze über klauende Polen, Türken mit

Messern, völlig absurde Ticks von Schwulen und die Hilflosigkeit von Menschen mit Behinderung. Natürlich kann man das witzig finden. Aber muss man das?

Humor kann viel

Der Psychologe Rod A. Martin identifiziert vier Grundstile des Humors mit ganz unterschiedlicher Wirkung (siehe Tabelle 3). Er kann dazu dienen, soziale Beziehungen zu verbessern (*affiliative*) oder sich selbst aufzurichten (*self-enhancing*), er kann auf Kosten anderer (*aggressive*) oder auf eigene Kosten gehen (*self-defeating*).

Zusammenhalt stärken (*affiliative*)	Wer schräge Erlebnisse teilt, in lustigen Erinnerungen schwelgt oder gemeinsam über Ticks und Tücken lacht, nutzt Humor, um das Gruppengefühl und den Zusammenhalt zu stärken. Ein solcher Humor hilft zudem, Spannungen in der Gruppe aufzulösen und Konflikte zu vermeiden.[20]
Mut machen (*self-enhancing*)	Humor kann helfen, schwierige und stressige Situationen besser zu ertragen und eine positive Weltsicht zu bewahren.
Statusaufwertung (*aggressive*)	Rassistische, fremden- oder frauenfeindliche Witze sind ein Instrument, um Menschen zu verletzen, kleinzumachen oder um sie zu manipulieren. Sie sollen nicht nur die persönliche Überlegenheit demonstrieren, sondern werden auch genutzt, um das Gemeinschaftsgefühl durch die Abwertung Außenstehender zu stärken.[21]
Sich selbst kleinmachen (*self-defeating*).	Witze über sich selbst werden häufig als Strategie genutzt, um erwarteten Verletzungen zuvorzukommen. Menschen, die sich vor anderen lächerlich und klein machen, hoffen, dadurch einen Platz in einer Gruppe zu erobern, der ihnen sonst verwehrt bliebe. Oft werden Scherze genutzt, um die wahren Gefühle zu verbergen.

Tabelle 3: Vier Grundstile des Humors nach Rod A. Martin[22]

Das Problem ist, dass für die Leistung von Teams → *psychologische Sicherheit* ein entscheidender Faktor ist. Situationen beurteilen wir dabei intuitiv, weit unterhalb unserer Wahrnehmungsschwelle und ohne dass die Ratio eine Rolle spielt. Wenn wir verunsichert sind oder uns bedroht fühlen, aktiviert das einen »Fight or flight«-Impuls. Wir machen uns für eine Auseinandersetzung bereit oder für den ganz schnellen Rückzug. Das sind keine guten Voraussetzungen für Kreativität oder eine produktive Zusammenarbeit. Erst wenn unser Verstand uns vermeldet »Alles ist okay, niemand will dir etwas Böses«, sind wir in der Lage, uns auf eine Aufgabe zu konzentrieren und unseren bestmöglichen Beitrag zu leisten. Wer Witze auf Kosten anderer macht, stört den Zusammenhalt und untergräbt damit die Leistungsfähigkeit einer Gruppe.[23] Und davon ganz abgesehen: Nett ist es auch nicht.

Es mag ärgerlich sein, eine gelungene Pointe auszulassen oder auf die brillante Replik zu verzichten, mit der man die eigene Schlagfertigkeit demonstriert und die Lacher auf seiner Seite weiß, aber auch Witze sind eine Form der Mikro-Aggression. Daher lohnt es sich, zu entscheiden, ob der persönliche Gewinn den Preis rechtfertig, den andere zahlen, weil man sie persönlich verletzt, das Gruppenklima untergräbt oder einen Beitrag dazu leistet, dass Stereotype sich verfestigen.

Worte verletzen

Witze werden gerne mit dem Argument einer übermäßigen »politischen Korrektheit« verteidigt. »Muss man ja noch sagen dürfen« oder »Du hast aber auch keinen Humor«, bekommt zu hören, wer das anders sieht. Diejenigen, die sich verletzt fühlen, wenn über sie gelacht wird, oder sich beklagen, können kaum mit Mitgefühl rechnen. »Ist doch nur ein Witz« oder »Stell dich nicht so an« sind die üblichen Reaktionen.

Wer so denkt, ist in guter Gesellschaft. »Man sollte nicht alles raushauen, was einem in den Sinn kommt«, sagt zwar Altbischof Wolfgang Huber, ehemaliger Ratsvorsitzender der Evangelischen Kirche Deutschlands in einem Interview. Er klagt dann aber: »[Es gibt] einen ausgesprochenen Hang zur Political Correctness, einschließlich strenger Regeln, wie man gendergerecht zu sprechen hat. Das führt zu einer Verengung gesellschaftlicher Diskussionen.«[24] Dabei übersieht er eins: Durch politische Korrektheit fühlen sich besonders diejenigen eingeschränkt, die von herablassenden oder verletzenden Bemerkungen selten getroffen werden und denen das Bewusstsein dafür fehlt, wie sie sich auf andere auswirken.

Eine Studie des Pew Research Center[25] zeigt das deutlich. Sie hat untersucht, wie akzeptabel Menschen unterschiedlicher Nationalitäten Beleidigungen finden. Spitzenreiter sind die USA. Hier ist praktische jede Äußerung durch das Recht auf freie Meinungsäußerung geschützt. 71 Prozent der US-amerikanischen Bevölkerung sind überzeugt, dass alle sagen können sollen, was sie wollen. Zwei Drittel (67 Prozent) finden es richtig, dass Minderheiten beleidigt werden dürfen. Die Betroffenen sehen das allerdings anders. 38 Prozent der Menschen afroamerikanischer und hispanischer Herkunft sind der Ansicht, es solle möglich sein, gegen Beleidigungen vorzugehen. Im Vergleich: Nur 23 Prozent der Weißen sehen dafür Bedarf. Das Gegenargument? »Zu viele Menschen fühlen sich heutzutage von anderen gleich gekränkt«, sagen 59 Prozent der Befragten. Und von denen, die Donald Trump gewählt haben, sind sogar 83 Prozent dieser Ansicht.

Hoffnung gibt der Blick auf unterschiedliche Generationen. Er zeigt, dass gesellschaftlicher Wandel und der persönliche Kontakt Empathie schaffen und die Einstellung beeinflussen. Nur 12 Prozent der zwischen 1925 und 1945 geborenen »Silent Generation«, die mit der Rassentrennung aufgewachsen sind, wünschen gesetzliche Verbotsmöglichkeiten. Junge Erwachsene der Generation Y (zwischen 1981 und 1996 geboren) sehen das deutlich anders. 40 Prozent von ihnen sind überzeugt, Minderheiten sollten Aussagen nicht hinnehmen müssen, die sie verletzen.

Auch das Argument, dass man jemanden kenne, der das auch nicht schlimm findet – der schwule Freund, die Frau mit der unerträglichen Chefin, die Muslima, die den Islam kritisiert –, trägt nicht besonders weit. Stattdessen ist es ein Zeichen für eine stereotypische Sicht auf Menschen, mit denen man wenig vertraut ist. Die Meinung Einzelner reicht dann aus, um die eigene Aussage zu stützen.

Wer viele unterschiedliche Personen kennt, die einer bestimmten »Gruppe« angehören, und besser mit ihnen vertraut ist, entgeht Verallgemeinerungen leichter. Denn mit mehr Kontakten wächst gleichzeitig das Bewusstsein für ihre Vielfalt und für die ganz unterschiedlichen Erfahrungen und Meinungen der Beteiligten.

Covering

Neben der eigenen eingeschränkten Sicht verstellt ein weiterer Aspekt den Blick auf das Geschehen, das sogenannte »→ Covering«. Das heißt, dass Menschen Teile ihrer Identität verbergen, weil sie keine Lust auf die ewig gleichen Diskussionen haben und nicht möchten, dass einzelne Aspekte ihrer Persönlichkeit in Interaktionen Gewicht haben, in denen sie irrelevant sein sollten. Ein prominentes Beispiel ist US-Präsident Franklin D. Roosevelt. Er hat immer sichergestellt, dass er bereits am Tisch saß, wenn sein Kabinett den Raum betrat. Er saß im Rollstuhl und das war allen bekannt. Trotzdem wollte er die Mitglieder nicht daran erinnern und vermeiden, dass dieser Faktor Diskussionen beeinflusste.

Ich persönlich hatte meinen extremsten Covering-Moment als junge Führungskraft am Rande eines Vetriebsmeetings. Mit den Kollegen – alle Männer – kam ich sehr gut aus und es war mir sehr wichtig, dass sie mich als »einen von ihnen« akzeptieren. Nach dem offiziellen Teil des Meetings beschlossen sie, noch um die Häuser zu ziehen und etwas Spaß zu haben. Dass sie mich einluden, dabei zu sein, war wie ein Ritterschlag. Der Abend endete in einem Strip-Club.

Heute wäre es kein Problem für mich, mitzugehen und Herrin der Situation zu bleiben oder die Kollegen von einem ganz anderen Abendprogramm zu überzeugen. Damals war es jedoch fürchterlich, besonders als einer auf die Idee kam, ich sollte einen Lap-Dance bekommen. Es war eine Zwickmühle: Ich wollte auf keinen Fall die Beziehungen aufs Spiel setzen, wollte dazugehören, und das waren offensichtlich die Regeln. Gehen und mich zum Gespött machen, weil ich keinen Spaß verstehe? Völlig unmöglich. Dann lieber Augen zu und durch. Zu meinem Glück fand die Tänzerin einen meiner Begleiter viel interessanter und das beendete die unangenehme Angelegenheit.

Mitmachen, schweigen und Zugeständnisse machen, um Beziehungen nicht aufs Spiel zu setzen – das sind häufige Formen des Covering. Dieses Verhalten legen nicht nur Menschen an den Tag, die aufgrund persönlicher Merkmale öfter Benachteiligungen oder Diskriminierung ausgesetzt sind. Auch 45 Prozent der weißen heterosexuellen Männer geben in einer Studie an, bereits gecovert zu haben.Dabei fühlen sich die Beteiligten in ihrem Team oder ihrer Organisation nicht grundsätzlich ausgegrenzt. Sie haben allerdings den Eindruck, dass sie sich fremden Regeln unterwerfen müssen, um dazuzugehören. Es gibt Konditionen für die Zugehörigkeit. Sie aufzukündigen würde den sozialen Zusammenhalt gefährden.

Es gibt vier Methoden, mit denen Menschen Teile der eigenen Persönlichkeit verbergen, um den Regeln der Gruppe zu folgen: Sie überlegen sich, wie sie sich präsentieren, wie sie sich verhalten, für welche Themen oder Menschen sie sich starkmachen und mit wem sie sich umgeben (siehe Abbildung 4).[26]

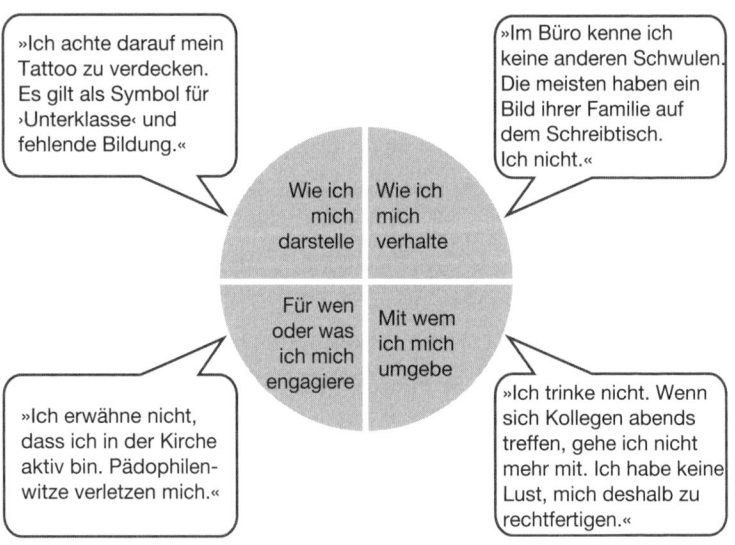

Abbildung 4: Methoden des Covering

Dass fast 70 Prozent der transgender Beschäftigten ihre sexuelle Identität im Büro verbergen. hatte ich bereits erwähnt. Aber sie sind längst nicht die Einzigen, die etwas von sich verstecken. Ein prominentes Beispiel ist Margaret Thatcher, die sich vor ihrer Wahl zur Premierministerin einem umfassenden Makeover unterzog. Sie war eine Frau der unteren Mittelklasse aus der Provinz. Das war nicht vereinbar mit dem höchsten Staatsamt. Um ihre Herkunft zu verbergen, wurden ihre Frisur und ihre Garderobe komplett überholt. Und weil ihre Stimme als schrill und wenig Respekt einflößend wahrgenommen wurde, engagierte sie einen Sprechtrainer, um eine tiefere und ruhigere Tonlage zu erzielen.

Ein weiteres Beispiel ist Philip Amthor. Der CDU-Abgeordnete fällt durch Trachtenblazer und Altherrenwitze auf: kein Zucker in den Kaffee – »Fürs Süße sind die Frauen zuständig«[27]. Er trägt »einen akkuraten Seitenscheitel, eine kleine Deutschlandflagge am Anzugkragen und auf der Nase eine Hornbrille«[28]. Er mag der zweitjüngste Parlamentarier sein, »aber er wirkt wie einer der ältesten«. Angesichts offensichtlicher Aufstiegsambitionen fährt er mit dieser Strategie sicherlich nicht schlecht: Zwei von drei Beschäftigten in Deutschland bevorzugen Vorgesetzte, die älter sind als sie. Beschäftigte im öffentlichen Dienst gehören dabei zur konservativeren Sorte.[29]

Während »zu jung« eine Barriere darstellen kann, ist »alt« tatsächlich die häufigste Diskriminierungsursache in Europa.[30] Ältere werden als weniger gesund, weniger motiviert und kaum veränderungsbereit beurteilt. Sie gelten als weder wirklich interessiert noch tatsächlich fähig, in einem schnelllebigen Arbeitsumfeld zu bestehen. Obwohl es für die meisten Vorurteile gegenüber Älteren keine empirische Rechtfertigung gibt[31], erleben sie weniger Wertschätzung, schwindendes Vertrauen in ihre Fähigkeiten und geringere Chancen auf Einstellung oder Beförderung.[32]

Die Betroffenen reagieren oft auf ihre Weise: Gewissermaßen im vorauseilenden Gehorsam reißen sie Witze über Alte, um sich von ihnen zu distanzieren. Indem sie sich selber über oft vermutete Einschränkungen lustig machen, hoffen sie, die Lachenden für sich zu gewinnen. Hilfreich ist diese Strategie nicht. Stattdessen verstärkt sie negative Stereotype.[33]

Alternativ achten Menschen darauf, dass sie nicht aufgrund ihres Verhaltens in eine Schublade gesteckt werden. Die Furcht vor negativen Gruppenstereotypen – Vorurteile oder Bedenken über »Menschen wie sie« – führt dann dazu, dass Ältere oder Menschen mit einer Behinderung versuchen, trotz Einschränkungen bei sportlichen Aktivitäten mitzuhalten, weil sie nicht als grundsätzlich weniger leistungsfähig gelten wollen. Mütter erwähnen im Berufsalltag nicht, dass sie ihre Kinder abholen müssen, um Bemerkungen wie »Schon wieder ein halber Tag frei?« zu vermeiden oder den Eindruck zu erwecken, dass sie weniger engagiert wären als Kinderlose.

Es ist auch Covering, wenn man darauf verzichtet, sich für Themen einzusetzen, die einem eigentlich am Herzen liegen. Dann lacht jemand zum Beispiel über sexistische, rassistische oder homophobe Witze, um sich nicht ganz allein einer Mehrheit entgegenstellen zu müssen, die damit offensichtlich gar kein Problem hat. Oft vermeiden die Beteiligten auch Fürsprache für Menschen, die ihnen ähnlich sind. Wer nicht dem Mainstream angehört, ist zwar häufig mit der Erwartung konfrontiert, sich für »andere wie sie« starkzumachen. Gleichzeitig wird das Motiv dafür regelmäßig in Zweifel gezogen. Es wird dann vermutet, dass die berufliche Empfehlung eher auf Gemeinsamkeiten statt der Qualifikation basiert. Damit ist die Referenz weniger wert und schadet potenziell zudem der eigenen Reputation.

Covern kann auch heißen, den Umgang mit denjenigen zu vermeiden, mit denen einen offensichtliche Merkmale verbinden. Menschen, die diesen Weg wählen, befürchten oft, dass negative Gruppenstereotype wieder auf sie reflektieren, nachdem es ihnen endlich gelungen ist, sie abzuschütteln und als Individuum wahrgenommen zu werden. Oder sie möchten den Eindruck einer riesigen uniformen Menge vermeiden und die Angst, diese könne den gesellschaftlichen Umbruch planen. Die Furcht davor scheint zuweilen fast übermächtig: Als ich zum ersten Mal mit einer zweiten Frau in einem Managementteam saß, hatten wir einen Chef, der diese Gefahr bereits im Keim ersticken wollte. In Meetings setzte er uns regelmäßig auseinander. Zu viel weibliche Präsenz in einer Ecke hat ihn offensichtlich überfordert. Die vielen anderen Männer fielen ihm gar nicht auf.

Für Covering zahlen alle einen Preis

Wenn Sie jetzt denken: »Na und? Wir müssen uns alle gewissen Regeln unterwerfen«, dann unterschätzen Sie das Problem. Wer davon überzeugt ist, nicht als man selbst, sondern nur als angepasste Variante der eigenen Person geschätzt zu werden, befindet sich nicht nur im heimlichen Konflikt mit dem Umfeld. Die Betroffenen tragen auch einen inneren Konflikt aus und das Verleugnen von Teilen der Persönlichkeit wirkt sich auf das Selbstbild aus.

Anhaltspunkte, was erwartet wird, geben die Vorgesetzten. Sie spielen eine herausragende Rolle, um eine Kultur der Wertschätzung zu schaffen. Mit ihrem Verhalten demonstrieren sie, welche Regeln für eine Gruppe gelten. Was gewünscht und okay ist und was inakzeptabel. Wer aufgrund dieser Zeichen glaubt, das eigene Verhalten anpassen zu müssen, sieht für sich auch weniger Chancen. Schließlich ist es offensichtlich weder gewünscht noch gewollt, dass Menschen wie man selbst erfolgreich sind. Das beeinflusst den persönlichen Einsatz, die eigene Leistung und damit auch das Ergebnis des Teams.

Tipps, um neue Seiten zu entdecken

Machen Sie sich die Regeln in Ihrem Team bewusst. Welche Gemeinsamkeiten fallen in Ihrem Team auf? Sowohl in Bezug auf Demografie als auch Interessen? Wie beeinflusst das den Umgang und die Regeln? Wer wird eventuell dadurch benachteiligt und wie können Sie diese Menschen besser einbeziehen?

Planen Sie Aktivitäten, die alle ansprechen. Stellen Sie sicher, dass alle Beteiligten Freude an gemeinsamen Unternehmungen haben. Wenn keine Einigkeit besteht, richten Sie sich nicht ausschließlich nach der Mehrheit. Überprüfen Sie, dass es keine Motive jenseits eines bloßen »Find' ich langweilig« gibt, die Menschen daran hindern, dabei zu sein. Seien Sie besonders aufmerksam, wenn immer die Gleichen überstimmt werden.

**Treten Sie gegen Aussagen ein, die andere verletzen kön-
nen.** Kein Scherz ist es wert, anderen weh zu tun. Der schnelle Lacher, den Sie erzielen, kann andere hart treffen.

Schärfen Sie Ihre Wahrnehmungen. Suchen Sie das Gespräch mit
»anderen« Menschen. So können Sie neue Perspektiven entdecken
und bekommen einen Eindruck von den ganz unterschiedlichen Erfahrungen und Meinungen der Beteiligten.

Kapitel 3

Gleich und gleich gesellt sich gern

Warum uns unser bestehendes Netzwerk kaum in die Zukunft führt und wie es sich zielgerichtet erweitern lässt

Yasmin blickte fassungslos in ihren Twitter-Feed:

»Durftest du dir deinen Mann selber aussuchen?« Auch so eine Frage, die ich liebe ... fast so sehr wie die Frage: »Woher kommst du«. #vonhier

*

Ich verfolge es nun schon etwas und verstehe nicht, wo das Problem der Frage nach dem Woher ist. Bei uns hier ist das eine völlig normale Frage, quer durch die Bevölkerung, die Interesse ausdrückt und den Gesprächseinstieg erleichtert.

*

Was ich so mitbekomme, haben Frauen es immer noch schwer, einen Deutschen zu heiraten, ohne dass die Familie Faxen macht. Dazu gab es auch eine interessante Doku auf ZDF. Also sehe ich bei der Frage kein Problem.

*

Wer den Islam liebt, sollte Scharia, Steinigung, Beschneidung, Zwangsverheiratung, getrennte Eingänge in Moscheen akzeptieren! Alles andere ist gegen den Islam! Keine Widerrede!

*

Wenn man sich für seine Herkunft und seine Vorfahren schämt, ist die Frage »Woher kommst du?« natürlich scheiße!

*

Wie stellst du dir denn vor, dass man sich mit seinem Gegenüber unterhält und Interesse an jemandem bekundet?

*

Nun, wie ist die Antwort? Durftest du dir deinen Mann selber aussuchen? Naja, #vonhier kommst du nicht. Du gehörst nicht zu uns und wirst es auch nie! Punkt!

*

Ich bin deutsch und kann sehr gut definieren, wer deutsch ist und wer nicht!
Ist ja nicht so, als hätte ich hier nur mal Urlaub gemacht.

*

Wenn dir deine Gäste zu Hause auf der Nase herumtanzen, schaust du ja
auch nicht nur dumm zu. Sonst bist du doof! Dann bist du ein wehrloser
Ja-Sager … ein Versager! Du hast ja gar nichts auf der Kette! Aber sonst
heißt's, du wärst rassistisch!

*

Integration bedeutet, dass sich Gäste an die Regeln in Deutschland halten,
ohne zu fordern. Das gilt zweimal für die hier Geborenen.

Auf die Idee von »Menschen wie wir« und die »anderen« bin ich schon
in den letzten beiden Kapiteln eingegangen. Auch darauf, wie schmerzhaft es sein kann, wenn sich jemand ausgeschlossen fühlt. In diesem
Kapitel wollen wir uns das Konzept »Gruppen« näher ansehen. Wen
wir kennen und wen wir schätzen. Warum die meisten Menschen einen relativ homogenen Bekanntenkreis haben und wieso es sich lohnt,
das zu ändern.

In- und Out-Group

Wir alle sind im Laufe unseres Lebens Teil unterschiedlicher Gruppen.
Oft geht es dabei nicht um Mitgliedschaften, die wir aktiv eingehen.
Ebenso wichtig ist unsere gesellschaftliche Verortung, also demogra-
fische Merkmale – wie Alter, Geschlecht, Familienstatus, Wohnort,
Migrationshintergrund – und sozioökonomische wie zum Beispiel
Bildungsstand und Einkommen.

All diese Aspekte beeinflussen die Erfahrungen, die wir machen, die
Entscheidungen, die wir treffen, und sie prägen unsere Werte und unser
Weltbild. Es ist eben ein Unterschied, ob wir in Ulm oder Ulan-Bator
aufgewachsen sind. 1960 oder 1990. Ob unsere Eltern davon überzeugt
waren, wir würden studieren oder Hartz-4-Empfänger werden. In unserem Umfeld lernen wir, was sich gehört, wie man zurechtkommt, was

erstrebenswert ist und was peinlich. Es wirkt sich darauf aus, mit wem wir uns umgeben – in Schule, Vereinen, Clubs und Cliquen.

Menschen, mit denen ich wichtige Merkmale, Erfahrungen oder Interessen teile, sind meine → *Bezugsgruppe*, meine → *In-Group*. Und dabei bin ich nicht auf eine beschränkt. Ich kann aus Düsseldorf oder Köln kommen, habe eine tolle Hochschule absolviert, gehöre zu den Beschäftigten eines großartigen Unternehmens. Bin Mitglied der Rotarier oder der Ultras. All diese Merkmale verbinden mich mit manchen Menschen und trennen mich von anderen. Weil sie Alaaf statt Helau rufen, auf einer zweitklassigen Uni waren, bei der Konkurrenz arbeiten, keinem vergleichbar elitären Zirkel angehören oder dem falschen Club anhängen.

Teil einer Gruppe zu sein ist uns so wichtig, dass ganz triviale Faktoren ausreichen, um unsere Zugehörigkeit zu untermauern. So zeigten sich in einem Experiment die Beteiligten felsenfest überzeugt, dass sie mehr mit denjenigen gemein hatten, die wie sie die Zahl an Süßigkeiten in einem Glas zu hoch eingeschätzt hatten, als mit denjenigen, die sie unterschätzt hatten.[34] Und selbst das Ergebnis eines Münzwurfs kann ausreichen, um sich als Teil einer Gruppe zu fühlen.[35]

Wer anders ist als wir, gehört zur → *Out-Group*. Ihnen gegenüber haben wir oft Vorbehalte und wir grenzen uns von ihnen ab. Weil wir uns überlegen fühlen oder unterlegen. Weil sie anders sind, sich seltsam verhalten oder gegen unsere Überzeugungen verstoßen. Manchmal hilft es auch einfach, die eigenen Entscheidungen zu bestätigen: arbeitende Mütter gegen die, die zu Hause bleiben. Karrieremänner gegen aktive Väter. Harte Kerle gegen Warmduscher. Dieses Phänomen nennt sich → *Fremdgruppenabwertung*.

Privilegien

Wenn ich der »richtigen« Gruppe angehöre, erwachsen mir daraus → *Privilegien*. Das bedeutet nicht goldene Löffel oder Privatflugzeug, sondern dass ich in einem bestimmten Kontext und bestimmten Situationen – ohne eigenes Verdienst – Vorteile habe, die anderen nicht zuteilwerden.

Kinder an Hauptschulen kommen vor allem aus Familien mit geringem Sozialstatus und/oder haben einen Migrationshintergrund. Sprösslinge von Menschen mit Hochschulabschluss haben einen dreimal höheren Anteil an den Studierenden als junge Erwachsene, deren Eltern eine berufliche Ausbildung abgeschlossen haben.[36] Haben meine Eltern studiert oder arbeiten in Führungspositionen in großen Unternehmen, habe ich vermutlich einen leichteren Zugang zu persönlichen Berichten über Studiengänge und ihre Herausforderungen, habe eher Vorbilder, die in den Wunschberufen tätig sind, und eine stärkere Überzeugung, dass ich es selber schaffen kann. Vielleicht kenne ich sogar Menschen, die mir einen Praktikumsplatz oder ein Vorstellungsgespräch vermitteln können.

Die eigene Herkunft beeinflusst auch, ob und wo ich eine Wohnung finde. Lena Meyer bekommt in Bremen leichter einen Besichtigungstermin als Ayse Gülbeyaz, ganz besonders in bevorzugten Lagen.[37] Auch das Kaufen einer Wohnung kann je nach Herkunft teurer werden: In den USA musste Countrywide Financial Corporation 335 Millionen US-Dollar Strafe zahlen, weil sie Kreditnehmer_innen afro- oder lateinamerikanischer Herkunft systematisch Darlehen mit höheren Zinsen und Aufschlägen verkauft haben.[38]

Mit der »Black Lifes Matter«-Bewegung steigt in den USA zunehmend das Bewusstsein für Privilegien von Weißen. Aspekte, die dort hervorgehoben werden, beinhalten Fragen wie »Muss ich meinem Kind erklären, wie es sich bei einer Polizeikontrolle verhalten sollte, aus Angst, dass es sonst erschossen wird?«, »Kann ich fluchen, Kleidung aus zweiter Hand tragen oder Briefe nicht beantworten, ohne dass meine Entscheidungen auf schlechte Moral, Armut, Analphabetentum oder meine Hautfarbe zurückgeführt werden?« Oder ganz triviale Fragen wie: »Haben ›hautfarbene‹ Pflaster tatsächlich meinen Hautton?« Oder: »Sind Menschen meiner Hautfarbe populär vertreten, wenn ich den Fernseher anmache oder die Zeitung aufschlage?«

Wenn ich einer privilegierten Gruppe angehöre, werden »Menschen wie ich« eher in Filmen tragende Rollen spielen. Wie groß das Ungleichgewicht zwischen Frauen und Männern ist, zeigt der Bechdel-Test. Er analysiert auf der Basis von drei simplen Fragen, ob Männer und Frauen gleichberechtigt dargestellt oder abgedroschene Klischees bedient werden: »Kommt in dem Film mehr als eine Frau mit einem Namen vor?«, »Sprechen die Frauen miteinander?« und »Reden die Frauen miteinander über etwas anderes als Männer?«. Noch 2013 fiel fast die Hälfte der Filme durch diesen simplen Test.[39] Wer annimmt, die Rollenverteilung sei dem Kommerz geschuldet, irrt. Filme mit starken Frauen werden zumeist mit kleinerem Budget produziert, sind aber profitabler. Im Schnitt haben Filme, die den Bechdel-Test bestehen, einen höheren Bruttogewinn pro investierten Dollar.[40]

Auch anderswo sind Männer – oft unbewusst und ungewollt – das Maß der Dinge. Sie genießen im Büro öfter ein Wohlfühlklima – und das nicht nur metaphorisch: Die optimale Raumtemperatur wurde aufgrund des Ruhestoffwechsels von Männern ermittelt. Da der von Frauen signifikant tiefer liegt, ist ihnen öfter kalt und sie müssen in einen Schal gewickelt einem frostigen Umfeld trotzen. Obwohl Frauen seltener in Unfälle verwickelt sind, werden sie im Fall der Fälle meist schlimmer verletzt, selbst bei Berücksichtigung von Faktoren wie der Schwere des Unfalls und ob ein Anschnallgurt genutzt wurde: Weil Frauen im Schnitt kleiner sind als Männer, ist ihr Sitz üblicherweise weiter vorgeschoben. Diese Abweichung von der »Standardsitzposition« führt zu einer größeren Gefahr für innere Verletzungen und für Verletzungen der Beine.[41]

Gefährlich kann für Frauen auch werden, dass die Pharmabranche Medikamente noch immer überwiegend an Männern testet. Dabei unterscheiden sich die Körper von Männern und Frauen ganz eklatant. Das führt unter anderem dazu, dass sich Wirkstoffe im Gewebe sehr unterschiedlich verteilen und bei Frauen 1,5-mal häufiger unerwünschte Nebenwirkungen auftreten, von Kopfschmerzen bis zum Kreislaufschock. Trotzdem steigt die Zahl der Medikamente, die auch an Probandinnen getestet werden, nur langsam. Denn dass Frauen nicht einfach tendenziell kleinere und leichtere Männer sind, macht die Sache kompliziert. Aufgrund von Hormonschwankungen durch den weiblichen Zyklus, Verhütungsmittel oder die Wechseljahre müssen mehr Teilnehmerinnen einbezogen werden, um verlässliche Ergebnisse zu erhalten. Zudem leidet die Vergleichbarkeit mit älteren Studienergebnissen, wenn diese ausschließlich auf Männern beruhten. Ähnlich wie beim generischen Maskulinum hält man daher – selbst wenn man es besser weiß – oft an überholten Verfahren fest.[42]

Ein einfacher Weg, um sich die eigenen Privilegien vor Augen zu führen, kann schon ein Blick auf Twitter sein. Wer Menschen folgt, deren Vita und Demografie sich von der eigenen deutlich unterscheiden, erhält auch einen Einblick in ihr Leben und kann feststellen, wie sehr sich tagtägliche Erfahrungen – ebenso wie Reaktionen auf ihre Tweets – von der eigenen Realität unterscheiden. Dass ihnen selbst auf neutrale Anmerkungen Kritik oder Häme begegnen. Wie Stereotype und Vorurteile den Austausch beeinflussen, Bemerkungen falsch verstanden werden und sich Diskussionen in völlig absurde Richtungen bewegen.

Für alle, die sich manchmal fragen, ob sie in der Öffentlichkeit den Mut hätten und sich die Zeit nehmen würden, um für andere einzutreten, bietet Twitter zudem eine schnelle und niedrigschwellige Lösung. Schon morgens beim Kaffee können Sie helfen, in einer Diskussion ein Gegengewicht zu setzen und Menschen, die Opfer von Diskriminierung sind, unterstützen. Wenn viele aktiv werden, kann dabei schon ein einzelner positiver Kommentar oder ein »like« einen Unterschied machen. Und eventuell gibt es den nötigen Anstoß, um auch im »real life« zu handeln.

Gleich und gleich gesellt sich gern

Dass wir sie als normal erleben, ist einer der Gründe, warum wir für die eigenen Privilegien blind sind. Es ist wie Rückenwind beim Fahrradfahren. Wenn sich um uns nicht Bäume und Zweige biegen, merken wir nicht mal, dass unser rasanter Ritt nicht ausschließlich auf der eigenen Leistung beruht, sondern uns der Wind beflügelt. Ein entsprechender Abgleich mit der Welt – mit der Realität anderer Menschen – findet in Bezug auf unsere Privilegien selten statt.

Das liegt unter anderem an → *sozialer Homophilie*, daran, dass wir überwiegend Menschen kennen, die uns ähnlich sind und die gleichen Erfahrungen teilen. »Gleich und gleich gesellt sich gern«, nennt der Volksmund den Umstand, dass sich unser Umfeld in Bezug auf Herkunft, Bildungsgrad oder gesellschaftlichen Status ähnelt und wir uns bevorzugt Kontakte suchen, die zu uns »passen«. Das beeinflusst unser privates und berufliches Netzwerk, unsere Freundschaften, Partnerschaften und wem wir mit Rat und Tat zur Seite stehen.[43] Es bedeutet auch, dass wir von Menschen umgeben sind, die so sind »wie wir«, die unsere Meinung teilen und uns dadurch davon abhalten, unsere Weltsicht auch einmal infrage zu stellen.

»Selbstverliebt und träge« nennt Herminia Ibarra, Professorin an der London Business School, Netzwerke, die sich spontan und natürlich entwickeln, mit Menschen, die sich automatisch begegnen und sich sympathisch sind. Leider bleiben solche Netzwerke homogen und bieten wenig Nutzen. »Sie können uns niemals die Breite und Vielfalt an Einsichten vermitteln, die wir benötigen, um die Welt um uns herum zu verstehen, um gute Entscheidungen zu treffen und Menschen, die anders sind als wir, von unseren Ideen zu überzeugen. Daher sollten wir unsere Netzwerke mit Bedacht entwickeln und uns bewusst und konzertiert bemühen, relevante Kontakte zu identifizieren und Beziehungen mit ihnen zu kultivieren.«[44] [45]

Keine »anderen« zu kennen hat einen hohen Preis

Wie wichtig verschiedene Perspektiven sind, um gute Ideen zu entwickeln, hat unter anderem das britische Center for Talent Innovation untersucht. Sie stellten fest, dass die Fähigkeit eines Teams, relevante Produkte zu entwickeln, massiv steigt, wenn mindestens ein Mitglied wichtige demografische Merkmale – wie Geschlecht, Ethnie, Generation oder nationale Kultur – mit der Zielgruppe teilt.[46]

Aber nicht nur Unternehmen und Organisationen profitieren, wenn in ihnen unterschiedliche Menschen zu Wort kommen. In ihrer *Netzwerkbibel* beschreibt auch Tijen Onaran, wie Netzwerke von Unterschieden statt von Gemeinsamkeiten leben können: »Was habe ich erlebt, was vielleicht andere nicht erlebt haben? Was haben andere für Herausforderungen, Learnings, die ich noch nicht habe, und was kann ich daraus für meinen Lebens- oder Karriereweg mitnehmen? Es geht meines Erachtens beim Netzwerken auch nicht darum, unter allen Umständen nach Themen zu suchen, die abendfüllend sind oder etwas zu ›liken‹, was einem nicht zusagt oder einfach gar nichts sagt. Manchmal reicht ein Gespräch über den nächsten Karriereschritt. Für mich ist eher relevant, dass die Gespräche, die ich führe, beide Seiten inspirieren, im besten Fall motivieren und auf neue Ideen bringen.«[47]

Wer sich auf wenige Vertraute verlässt, schränkt damit die eigenen Möglichkeiten ein. Zahlreiche Untersuchungen belegen, dass Menschen, die mir nahestehen, Zugriff auf die gleichen Informationen und Ideen haben wie ich selbst. Ihr Rat bringt mich daher wenig weiter. »Die Stärke schwacher Verbindungen« hat der Soziologe Mark Granovetter bereits in den 1970er-Jahren nachgewiesen. Bei seiner Untersuchung »Getting a Job« stellte er fest, dass zwar viele einen neuen Job durch Kontakte finden. Das passierte aber erstaunlich selten – nur bei 17 Prozent – über Menschen, die sie häufig trafen. Fast drei von zehn waren erfolgreich dank einer Person, die sie praktisch nie sahen.[48] Solche »schwachen Verbindungen« verknüpfen unser Netzwerk mit ganz anderen Menschen und Gruppen als denen, mit denen wir uns tagtäglich umgeben.

Zum gleichen Ergebnis kamen auch schon Jeffrey Travers und Stanley Milgram.[49] Sie wollten – zu Zeiten vor LinkedIn – das »kleine Welt«-Problem untersuchen und feststellen, ob sich tatsächlich alle über ein paar Ecken kennen. Sie baten knapp 300 Probanden in Boston und Nebraska, einen Brief an eine ihnen unbekannte Person nach Massachusetts zu senden. Dabei sollten sie Bekannte nutzen – und diese die ihren –, damit der Brief über verschiedene Zwischenstationen ans Ziel kommt. Tatsächlich brauchte keiner der Briefe, die tatsächlich ankamen, mehr als sechs Stopps. Allerdings erreichten nur 64 ihr Ziel. Die große Mehrzahl drehte ihre Runden in einem engen Zirkel, weil die Erstkontakte niemanden außerhalb ihres lokalen Umfelds kannten.

Auch hier gilt leider, dass sich die Situation in den letzten 50 Jahren weniger verändert hat, als man vermuten könnte. Sogar in den sozialen Medien sind die Verbindungen überwiegend homogen. Selbst wenn wir internationaler aufgestellt sind und mehr unterschiedlichen Menschen begegnen, nutzen wir diese Ressource nicht. In ihren Ausbildungsprogrammen für Top-Führungskräfte stellt Ibarra immer wieder fest, dass die Mehrzahl der Teilnehmenden ihre Kontakte innerhalb des eigenen Fachgebiets, ihres Unternehmensbereichs oder ihrer Firma haben. Selbst wenn es gilt, strategische Fragen zu diskutieren, werden externe Perspektiven selten einbezogen.

Auf der anderen Seite hatten einige der Befragten fast ihr ganzes Netzwerk außerhalb der eigenen Disziplin, ihres Bereichs oder sogar außerhalb des Unternehmens. Während das toll für alle ist, die woanders einen neuen Job suchen, sind starke interne Kontakte erforderlich, um neue Ideen und Perspektiven im eigenen Unternehmen einzuführen.

Ein typischer blinder Fleck waren auch fehlende Beziehungen mit Menschen weiter unten in der Hierarchie. Vor lauter Bestreben, nach oben zu kommen und sich bei wichtigen Stakeholdern zu positionieren, übersahen die Befragten die Bedeutung von denen, die wissen, wie »reguläre Beschäftigte« zum Unternehmen stehen und was sie umtreibt. Ein starkes Netzwerk bietet dagegen eine 360-Grad-Perspektive und beinhaltet Kontakte, die hierarchisch über, neben und unter einem stehen.[50]

Und jetzt?

Um Schwächen im eigenen Netzwerk auszumachen, lohnt eine fundierte Analyse, die Breite beziehungsweise Vielfalt, Konnektivität und Dynamik untersucht. Ausgangspunkt dafür ist eine Übersicht der wichtigsten Beziehungen. Listen Sie dazu die Menschen auf, die Sie in letzter Zeit um Rat gefragt oder als Sparringspartner genutzt haben.

Halten Sie Ihr Netzwerk breit

Im nächsten Schritt überprüfen Sie die Konnektivität und Konzentration Ihres Netzwerks. Sind die meisten Ihrer wichtigsten Vertrauten auch miteinander bekannt oder bewegen sich alle in verschiedenen Kreisen? So können Sie überprüfen, ob Sie genug »Konnektoren« haben – Kontakte, die Ihnen Zugang zu anderen Netzwerken geben. Tragen Sie dazu die Namen ihrer wichtigsten Kontakte in eine Übersicht wie Tabelle 4 ein und setzen Sie ein Kreuz, wenn sich die Per-

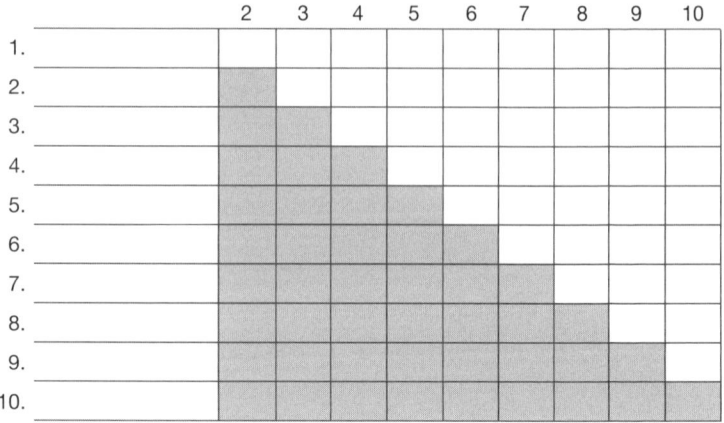

Tabelle 4: Berechnung der Netzwerkdichte
(Nach Herminia Ibarra: How to Revive a Tired Network)

sonen auch untereinander kennen. Falls Sie das nicht wissen, setzen Sie kein Kreuz.

Wenn Sie wollen, können Sie diese Netzwerkdichte sogar berechnen und nachverfolgen, wie sie sich mit neuen Kontakten verändert:

1. Zählen Sie die Kontakte auf Ihrer Liste.
2. Multiplizieren Sie die Anzahl (n) mit n-1 und teilen Sie das Ergebnis durch 2.
3. Zählen Sie die Kreuze in der Matrix und teilen Sie ihre Anzahl durch das Ergebnis aus Punkt 2. Das ist die Netzwerkdichte.

Je geringer die Netzwerkdichte ist, desto breiter sind Ihre Kontakte aufgestellt.[51]

Halten Sie Ihr Netzwerk vielfältig

Um festzustellen, welche Perspektiven in meinem Netzwerk eventuell fehlen, empfiehlt sich die Arbeit mit einer Übersicht wie Tabelle 5. In ihr kann ich wichtige Merkmale von Kontakten abbilden, was ihre persönliche Demografie ebenso wie ihre Tätigkeit anbelangt. So kann ich erfassen, ob sie innerhalb oder außerhalb meines

Unternehmens tätig sind, auf welcher Hierarchiestufe sie stehen, ebenso wie die Funktion und Branche, in der sie arbeiten – egal ob es meine eigene ist oder eine, aus der ich Impulse ziehen möchte. Zudem kann ich sehen, ob Menschen unterschiedlicher Geschlechter, Generationen, Nationalitäten mit und ohne Migrationshintergrund und so weiter in meinem Netzwerk vertreten und angemessen repräsentiert sind.

	Geschlecht	Altersgruppe	Nationalität	Weitere Aspekte*		
Kontakt 1						
Kontakt 2						
Kontakt 3						
...						

* zum Beispiel Migrationshintergrund (ja/nein), eigenes oder fremdes Unternehmen, Funktion, Branche (eigene/fremde beziehungsweise eine Zielbranche), Hierarchiestufe (drüber, drunter, gleich) und so weiter

Tabelle 5: Matrix zur Analyse der Vielfalt eines Netzwerks

Eine solche Übersicht vermittelt einen schnellen und sehr deutlichen Eindruck davon, wie homogen die wichtigsten Kontakte sind und welche Aspekte eventuell übersehen werden.

Halten Sie Ihr Netzwerk frisch und dynamisch

Ein dynamisches Netzwerk stellt sicher, dass unsere Kontakte relevant und hilfreich bleiben. Dazu reicht es nicht, sich auf bestehende Beziehungen zu verlassen. Durch neue Aufgaben und Funktionen, weil wir aufsteigen oder das Unternehmen wechseln, ebenso wie durch Veränderungen in unserem Umfeld werden Kontakte alt und passen nicht mehr unbedingt zu unserer beruflichen Realität. Gerade die wachsende Vielfalt in der Arbeitswelt sorgt zudem dafür, dass ein homogenes Netzwerk, das einen in der Vergangenheit tragen konnte, heute nicht mehr ausreichend ist. Ein vielfältigeres Netzwerk hat zudem noch eine weitere Stärke: Angesichts der sozialen Homophilie ist die Wahrscheinlichkeit groß, dass Sie auch mehr Schnittstellen zu anderen Gruppen haben, wenn Sie gezielt darauf achten, Ihre Kontakte zu verbreitern.

Um das eigene Netzwerk zukunftsfit zu machen, ist eine vernünftige Strategie erforderlich. Startpunkt sollten dabei Ihre Ziele sein. Wo wollen Sie in drei Jahren stehen? Was wollen Sie bis dahin erreichen? Was macht Ihnen Spaß? Verlassen Sie sich nicht ausschließlich auf die eigene Inspiration. Sprechen Sie auch mit Kontakten über Ihre Stärken und Lernfelder sowie über Ideen und Vorschläge, die diese für Sie haben.

Wenn Sie Klarheit über Ihre Vision haben und wissen, wo es hingehen soll, ist ein Aktionsplan fürs Netzwerken sinnvoll.[52] Der besteht aus drei Schritten und hilft Ihnen, gezielt Beziehungen zu entwickeln, die Sie für die Verwirklichung Ihrer Pläne benötigen:

- Im 1. Schritt definieren Sie die Ziele, die Sie haben und die Ihnen helfen werden, Ihre Vision zu erreichen.
- Im 2. Schritt verknüpfen Sie diese Ziele mit Menschen, Instrumenten und so weiter, die Ihnen helfen werden, sie zu realisieren.
- Im 3. Schritt definieren Sie dann, wie Sie am besten eine Beziehung zu diesen Menschen aufbauen.

Ein solcher Aktionsplan ist eine extrem hilfreiche Unterstützung, um das eigene Netzwerk zielgerichtet auszubauen und zu verbreitern. Spätestens an Punkt 2 lohnt es sich, zu der Matrix zurückzugehen, mit der Sie die Vielfalt Ihres Netzwerks untersucht haben. So können Sie überprüfen, ob Ihre aktuellen Kontakte ausreichen, um Ihre Vision zu verwirklichen, beziehungsweise wer fehlt. Vielleicht gewinnen Sie auch ganz neue Ideen und Inspirationen.

Ein tolles Verfahren, um immer wieder neue, relevante Kontakte aufzubauen, ist *Working Out Loud*[53]. Dabei ist Großzügigkeit das leitende Prinzip: Um das eigene Netzwerk zu entwickeln, geht man in Vorleistung. Statt Menschen »kalt« anzusprechen und um Hilfe zu bitten, überlege ich, welche Möglichkeiten ich habe, um sie zu unterstützen. Welchen Beitrag ich für sie leisten kann. Das können einfache Dinge sein, wie ein »like« für einen Post, ein Kommentar oder eine Empfehlung. Ich kann Informationen oder Artikel teilen, die für sie vermutlich interessant sind. Oder ich kann Fragen stellen, die ihnen die Möglichkeit geben, zu glänzen. So entstehen Austausch, Sichtbarkeit und Vertrauen und die Möglichkeit, immer relevantere Beiträge zu leisten. Mit der Zeit kann man einander immer besser unterstützen und gemeinsam mehr erreichen.

Tipps, um mehr Vielfalt ins eigene Netzwerk zu bringen

Analysieren Sie Ihr Netzwerk. Werfen Sie einen kritischen Blick darauf, wo Sie sich Rat holen und ob die Perspektiven, die Sie berücksichtigen, aktuellen Realitäten tatsächlich gerecht werden.

Folgen Sie Menschen auf Twitter, LinkedIn und Xing, die eine andere Demografie haben. Nutzen Sie Social Media, um sich neue Perspektiven zu eröffnen und die Realität anderer Menschen kennenzulernen.

Kommen Sie ins Gespräch. Egal ob online oder offline, suchen Sie Gelegenheiten, um an anderen Diskussionen teilzuhaben als solchen, die Sie gewöhnlich führen. Meistens lohnt es sich dabei, zunächst einmal zuzuhören.

Bewegen Sie sich außerhalb Ihrer Komfortzone. Besuchen Sie eine Veranstaltung, die Sie normalerweise nicht auf Ihrer Agenda hätten.

Hören Sie einfach mal zu. Wenn wir uns unterhalten, verwenden wir viel Energie darauf, zu überlegen, was wir sagen wollen, zu formulieren und den Moment abzupassen, in dem wir »dran« sind. Wer nur zuhört, kann die komplette Aufmerksamkeit auf eine andere Person lenken und viel mehr erfahren.

TEIL 2
IM TEAM

In den nächsten Kapiteln dreht sich alles um die Zusammenarbeit im Team und um gruppendynamische Prozesse, die dabei eine Rolle spielen.

Im Kapitel 4 »*Das konnte doch keiner ahnen*« geht es um eine der größten Gefahren homogener Teams, um fehlende Perspektivenvielfalt und Gruppendenken. Dadurch fallen relevante Informationen unter den Tisch und es werden schlechtere Entscheidungen getroffen.

Kapitel 5 »*Sie machen das immer besonders gut*« beleuchtet, wie unterschiedlich Aufgaben innerhalb von Teams oft verteilt werden. Während die einen regelmäßig bei strategischen Projekten mit hoher Sichtbarkeit glänzen, sind andere – völlig unabhängig von ihrer Funktion – immer wieder zu wenig prestigeträchtigen Aufgaben verdammt.

Kapitel 6 »*Kannst du mir mal kurz eben helfen?*« untersucht Vorteile und Grenzen der Zusammenarbeit und welche Aspekte den Erfolg beeinflussen. Durch eine gute Strategie lassen sich Ressourcen besser nutzen und die Kooperation im Team verbessern.

Kapitel 4
Das konnte doch keiner ahnen

Warum homogene Teams und Gruppendenken schlechtere Ergebnisse liefern

Mit einem zufriedenen »So!« eröffnete Peter die Diskussion. »Ihr wisst ja alle, dass wir heute besprechen wollten, ob wir mit einer leicht überarbeiteten Lösung neue Zielgruppen ansprechen können. Da schlummert gewaltiges Umsatzpotenzial.« Er blickt erwartungsvoll in die Runde, die mit dem erhofften Nicken reagiert.

»No undue pressure, wie man so sagt, aber ich habe gestern am Fahrstuhl Martin getroffen. Die Gelegenheit habe ich genutzt, um die Idee ganz kurz bei ihm anklingen zu lassen. Klar müssen wir noch einen Machbarkeits-Check machen, aber so eine Gelegenheit verstreichen lassen? Er war begeistert und hat versprochen, das Thema mit auf die nächste Vorstandssitzung zu nehmen.« Peter war merklich stolz auf seinen Coup.

»Da darf uns jetzt natürlich kein Fehler unterlaufen. Aber wenn wir unsere Köpfe zusammenstecken, kriegen wir das gemeinsam hin. Und vielfältige Ansichten sind ja auch gewährleistet. Yasmin, Linda, bloß keine Zurückhaltung mit der weiblichen Perspektive.« Er wirft einen kurzen Blick auf die beiden Mitarbeiterinnen, die sich ein gequältes Lächeln abringen.

Am Ende der Besprechung verlassen Johannes und Kurt mit Yasmin den Raum. Peter war mit dem Verlauf der Diskussion hoch zufrieden gewesen und vorangestürmt, um die weitere Vorgehensweise für die Vorstandspräsentation abzustimmen. Die anderen sammelten noch ihre Unterlagen zusammen und hatten es augenscheinlich weniger eilig.

»Dann hoffen wir mal das Beste«, eröffnete Johannes das Gespräch, nachdem die drei einige Zeit schweigend nebeneinander hergegangen waren.

»Klar«, stimmte Kurt zu, »hoffen kann man ja immer.«

»Peter ist doch total verblendet. Jetzt schnell was mit heißer Nadel gestrickt. Ist ja nicht so, als wäre das nicht schon mal schiefgegangen.«

Yasmin, die ziemlich neu im Team war, sah die beiden erstaunt an. »Was meint ihr?«

»Natürlich haben wir das Thema nicht zum ersten Mal diskutiert. Allerdings hat sich immer wieder herausgestellt, dass es mit ein paar simplen Adaptionen nicht getan ist. Und an die Schnittstellen mit der Produktion will ich erst gar nicht denken.«

»Eben«, nickte Kurt.

»Und warum habt ihr dann nichts gesagt?«

Schon mit seiner kurzen Begrüßung hat Peter die Wahrscheinlichkeit, dass im Meeting wichtige neue Erkenntnisse gewonnen werden, auf ein Minimum reduziert. Sein Ziel, potenzielle Stolpersteine zu entdecken, welche die geplanten Ergebnisse gefährden könnten, hat er damit klar verfehlt. Drei Aspekte werden daher in diesem Kapitel näher beleuchtet: warum vielfältige Teams bessere Ergebnisse erzielen, warum Gruppendenken das Potenzial homogener Gruppen einschränkt und »Priming«.

Priming

Viele haben vermutlich Priming (vom englischen *to prime* = jemanden vorbereiten) schon einmal eingesetzt, um eine Entscheidung vorzubereiten. Bei der richtigen Gelegenheit eine Bemerkung fallen lassen, im Vorfeld Interesse oder Begeisterung für ein Thema wecken – Priming ist ein übliches Verfahren beim Stakeholder-Management. Dabei ist ein »Prime« eine Maßnahme, die ein folgendes Ereignis beeinflussen soll. So wie Peter Martin für die neue Lösung interessieren wollte, damit dieser das Thema dem Vorstand vorstellt.

Genau darum geht es auch beim Priming-Effekt, der im Marketing oft genutzt wird. Über die Darstellung eines Produkts oder einer Dienstleistung werden passende Assoziationen geweckt, die die Kundschaft beeinflussen sollen. So wird ihnen beispielsweise durch die Präsentation suggeriert, ein bestimmtes Produkt wäre sehr gesund oder eine Finanzberatung besonders vertrauenswürdig.

Auch in unseren täglichen Interaktionen primen wir häufig, leider ist uns das längst nicht immer bewusst. Oft lösen wir versehentlich und völlig ungeplant irgendwelche Assoziationen aus und ernten Reaktionen, die wir uns eigentlich nicht vorgestellt hatten.

Alle Beteiligten des obigen Meetings bemerken Peters Vorfreude auf die Vorstandspräsentation und halten sich mit Bedenken zurück, die dieses Ziel gefährden könnten. Zudem hatte ja Peter auch Yasmin und Linda gezielt auf andere Perspektiven angesprochen. Das ist Grund genug für die anderen, sich entspannt zurückzulehnen und die Gefahr zu vermeiden, sich unbeliebt zu machen.

Leider reicht es nicht aus, solchen – relativ offensichtlichen – Stolpersteinen auszuweichen, denn unser Gehirn greift auch subtilere Botschaften auf. Begriffe wie »die Köpfe zusammenstecken« und »gemeinsam« schaffen eine Assoziation von Harmonie und sorgen zusätzlich dafür, dass sich die Beteiligten mit konträren oder kritischen Hinweisen zurückhalten.

Die Wirkung von → *Priming* illustriert der sogenannte Florida-Effekt eindrucksvoll: In einem Experiment wurden zwei Gruppen von Studierenden Listen mit fünf Wörtern – zum Beispiel »finden, er, es, gelb, sofort« – vorgelegt und sie sollten daraus kurze Sätze bilden. Bei der einen Gruppe enthielt die Hälfte der Listen Begriffe, die mit Alter assoziiert werden, also beispielsweise Florida, vergesslich, grau oder faltig. Nach dieser Übung wurden sie aufgefordert, für das nächste Experiment den Raum zu wechseln. Diejenigen, die Sätze mit Begriffen rund ums Altern formuliert hatten, gingen deutlich langsamer und brauchten wesentlichen länger, um im anderen Raum anzukommen.[54]

Dass der Effekt auch umgekehrt funktioniert, demonstrierte Thomas Mussweiler an der Uni Köln. Nachdem die Proband_innen einige Zeit mit schlurfenden Schritten, gesenktem Haupt und gebeugtem Rücken umhergelaufen waren, konnten sie sich deutlich besser Wörter merken, die mit Alter assoziiert werden.[55]

Gruppendenken

Aber noch ein anderer Aspekt bringt Gruppen zum Verstummen und hilft, Yasmins Frage zu beantworten, warum keiner seine Bedenken geäußert hat: → *Gruppendenken*. Der Begriff beschreibt ein Verhalten, das besonders in homogenen Teams zum Tragen kommt. Es bedeutet, dass abweichende Meinungen und konträre Ideen von den Beteiligten nicht angesprochen werden. Es entsteht → *Konformität*. Selbst wenn die Gruppenmitglieder mit Aussagen und Entscheidungen nicht einverstanden sind, lassen sie diese unkommentiert, um die Harmonie und den Zusammenhalt nicht zu stören. Sie zensieren sich selbst, um sich reibungslos in die Gruppe einzufügen.

Eines der frühesten Experimente, in denen der Effekt nachgewiesen wurde, hat Solomon Asch in den 1960er-Jahren durchgeführt. Dabei wurde den Teilnehmenden ein Bild mit vier Linien gezeigt und sie sollten sagen, welche beiden die gleiche Länge haben (siehe Abbildung 5). Sonderlich schwer war diese Aufgabe nicht. Allein befragt, gaben 95 Prozent richtige Antworten.

Ganz anders sah das Ergebnis aus, wenn das Experiment in einer Gruppe durchgeführt wurde. Die anderen Gruppenmitglieder waren Teil des Experiments. Sie gaben weisungsgemäß überwiegend falsche Antworten und waren sich in diesen augenscheinlich einig. Alle gaben

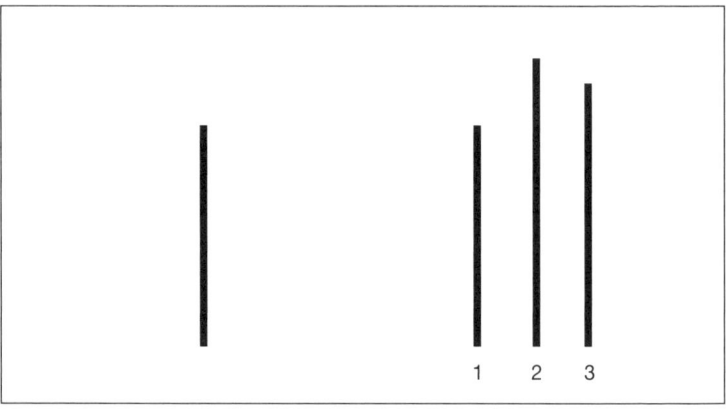

Abbildung 5: Asch-Konformitätsexperiment

ihre Einschätzung der Reihe nach ab, die Testpersonen waren dabei immer unter den Letzten. Sie sahen sich also mit einer falsch antwortenden, einmütigen Mehrheit konfrontiert. Das zeigte Wirkung. In den meisten Fällen folgten sie der Mehrheitsmeinung. Fast Dreiviertel gaben in der Gruppe Antworten, die offensichtlich falsch waren.

Einer der Gründe, warum sich Menschen wider besseren Wissens einer Mehrheitsmeinung anschließen, kann heute dank moderner Bildgebungstechnologien sichtbar gemacht werden. Schon immer waren Menschen für ihr Überleben auf die Unterstützung anderer angewiesen. Wer aus der Gruppe ausscherte oder ausgeschlossen wurde, brachte sich unmittelbar in Gefahr. Entsprechend aktiviert das Gefühl, zurückgewiesen zu werden, viele der gleichen Hirnregionen wie physischer Schmerz.[56]

Wir wissen gar nicht, was wir verpassen

Oft sind sich die Beteiligten gar nicht bewusst, dass gruppendynamische Prozesse wichtige Fakten verbergen könnten. Die Reaktorkatastrophe von Tschernobyl gilt heute als klassisches Beispiel für die typischen Gefahren von Gruppendenken. Der unmittelbare Auslöser des Unglücks war nicht etwa technisches Versagen, sondern psychologische Faktoren und eine Aneinanderreihung falscher Entscheidungen. Beim Reaktorpersonal handelte es sich um ein gut ausgebildetes Team mit großer Expertise, das die Situation eigentlich hätte in den Griff bekommen sollen. Gerade ihre Erfahrung gab ihnen jedoch eine trügerische Sicherheit. Sie ignorierten Vorschriften und verließen sich lieber auf die eigene Einschätzung. Bedenken wurden wegrationalisiert beziehungsweise nicht geäußert, um sich nicht ins Aus zu manövrieren. Sie waren die Kenner der Materie, jede Unsicherheit wäre eine Schwäche gewesen und Bedenkenträger oder Grünschnäbel hatten ihnen nicht reinzureden.[57]

Glücklicherweise sind in den meisten Teams die Konsequenzen von Gruppendenken nicht ganz so dramatisch. Nichtsdestotrotz kann es die Qualität von Entscheidungen massiv beeinflussen und verhindern, dass das Wissen und die Erfahrungen der Beteiligten genutzt werden.

Oft ist den Teammitgliedern dabei nicht bewusst, dass sie unter ihren Möglichkeiten bleiben. Ganz im Gegenteil: Dass sich alle schnell einig sind, nehmen sie als Indikator für die Qualität ihrer Arbeit. Dadurch, dass niemand in der Gruppe das Ergebnis hinterfragt, kommen sie nicht einmal auf die Idee, dass sie falsch liegen könnten. Vielfältige Teams, die Alternativen abwägen, um die beste Lösung ringen und sich über den richtigen Weg streiten, sind sich der unterschiedlichen Möglichkeiten dagegen sehr bewusst. Selbst bei einem besseren Ergebnis sind sie daher weniger zufrieden und unsicherer ob seiner Qualität.[58]

Anders als man vermuten würde, ist ein tolles Klima im Team also kein Garant für außerordentliche Ergebnisse und stellt nicht automatisch sicher, dass sich jeder frei und offen äußert. Eine unkomplizierte, vertrauensvolle Zusammenarbeit kann stattdessen ein guter Nährboden für Gruppendenken sein, weil angenommen wird, man sei sich ohnehin einig, und weil Konflikte besonders schmerzhaft sind.

Verschiedenen Perspektiven Raum geben

Um auch in relativ homogenen und eingespielten Teams unterschiedliche Ideen sichtbar zu machen, lohnt es sich, Methoden einzusetzen, mit denen sich Gruppendenken reduzieren lässt.

Wenn sich starke Teammitglieder am Anfang einer Diskussion deutlich positionieren, halten sich andere mit abweichenden Meinungen eher zurück. Deshalb ist es sinnvoll, wenn diese Menschen Zurückhaltung üben und zunächst andere zu Wort kommen lassen. Auch ist es hilfreich, einfach mal eine gegensätzliche Position einzunehmen und zu schauen, was sich daraus ergibt. Das ist die Basis von den »sechs Denkhüten« von Edward de Bono. Bei dieser Übung übernehmen alle Teilnehmenden eine klare Position, die durch die Farbe eines Hutes vorgegeben wird (siehe Tabelle 6). Ein solch deutlicher Hinweis, dass kritische Fragen nicht nur erlaubt, sondern erwünscht sind, gilt vielen Teammitgliedern erst als Erlaubnis, ihre Bedenken zu teilen.

Farbe	Perspektive	Rolle
Weiß	Neutrales, analytisches Denken	Beschäftigung mit Fakten, Zahlen und Daten. Keine subjektive Meinung oder Bewertung.
Rot	Subjektives, emotionales Denken	Persönliche Meinung, inklusive positiver wie negativer Gefühle. Auch Widersprüche sind möglich.
Schwarz	Pessimistischer Kritiker	Fokus auf objektiven Argumenten, die negative Aspekte hervorheben. Risiken und Einwände.
Gelb	Realistischer Optimismus	Positive Argumente. Objektive Chancen und Vorteile.
Grün	Innovation, Neuheit und Assoziation	Neue Ideen und kreative Vorschläge. Alle Ideen werden gesammelt.
Blau	Ordnung, Durch- und Überblick	Ideen und Gedanken strukturieren.

Tabelle 6: Sechs Denkhüte nach Edward de Bono

Oft hilft es auch, Teamdiskussionen damit zu starten, dass sich alle zunächst allein Gedanken machen und erst anschließend Ideen in der Runde geteilt werden. Das gibt introvertierteren Beschäftigten eine Chance, ihre Gedanken zu sortieren, bevor andere vorpreschen. Zudem wird verhindert, dass wichtige Überlegungen unberücksichtigt bleiben, weil die Diskussion sich schnell in eine bestimmte Richtung entwickelt und es nicht mehr passend scheint, sie vorzubringen.

Gerade bei heiklen Themen lohnt es sich außerdem, Ideen und Überlegungen zunächst zu zweit oder in kleinen Gruppen zu besprechen und erst dann dem kompletten Team vorzustellen. Die meisten Menschen trauen sich nämlich eher, Bedenken im kleinen Kreis zu äußern. Sie einmal ausgesprochen zu haben – und vielleicht sogar Unterstützung zu finden – gibt Sicherheit, um dann auch in einer größeren Runde zu bestehen.

Vielfältige Teams sind innovativer

Die angesprochenen Methoden helfen, Gruppendenken zu verhindern und unterschiedliche Perspektiven in relativ homogenen Teams sichtbar zu machen. Denn natürlich gibt es auch unter Menschen, die sich augenscheinlich ähnlich sind – aufgrund von Geschlecht, Hautfarbe oder Alter –, unterschiedliche Erfahrungen, die die persönliche Sichtweise prägen. Ein Single mit schicker Altbauwohnung, der gerade dabei ist, sich in einer neuen Stadt zurechtzufinden, lebt sicher anders als die Angestellte, die eine Familie mit zwei Kindern ernährt und seit Jahren im Reihenmittelhaus in der Vorstadt oder auf dem Land lebt.

Laut einer Studie der Boston Consulting Group und der TU München sind es besonders vier Faktoren, welche die Innovationskraft steigern. Zwei davon – unterschiedliche Branchenerfahrung und Karrierewege – haben nichts mit dem typischen Fokus von Bemühungen von Unternehmen um mehr Vielfalt zu tun. Teams, die zudem aus Menschen unterschiedlichen Geschlechts und aus verschiedenen Herkunftsländern bestehen, haben mehr marktfähige Ideen und erzielen einen größeren Anteil ihres Umsatzes mit neuen Produkten und Lösungen.[59]

Einen ähnlichen Effekt zeigte eine groß angelegte Untersuchung zur volkswirtschaftlichen Bedeutung der nationalen und kulturellen Vielfalt im Großraum London. Auf Basis der Daten von über 7 500 Firmen stellten die Forschenden fest, dass Unternehmen – unabhängig vom Firmentyp – einen »Vielfaltsbonus« verzeichnen. Firmen mit einem vielfältigen Führungsteam haben mehr innovative Produkte eingeführt als ihre homogenen Wettbewerber. Es ist ihnen besser gelungen, internationale Kundschaft zu gewinnen und auch im lokalen multikulturellen Londoner Umfeld zu bestehen.[60]

Einen Grund dafür hat das britische Center for Talent Innovation (CTI) identifiziert: Zum einen steigt die Wahrscheinlichkeit, relevante Lösungen zu entwickeln, wenn mindestens ein Mitglied der Gruppe wichtige Merkmale mit der Zielgruppe gemein hat. Zudem unterstützt mehr als die Hälfte der Führungskräfte Ideen nicht, wenn sie ihnen persönlich nicht einleuchten beziehungsweise sie für das entsprechende Produkt keine Notwendigkeit sehen. Menschen, denen die Erfahrung oder geistige Flexibilität fehlt, zu erkennen, dass andere etwas anderes brauchen als sie selbst, blockieren Innovationen. Daher beeinflussen sowohl angeborene Unterschiede als auch im Laufe des Lebens gewonnene Erfahrungen, das heißt erworbene Vielfalt (*acquired diversity*), die Qualität eines Teams.[61]

Immer häufiger wird hervorgehoben, dass das eigentliche Ziel von mehr Vielfalt natürlich nicht besonders »bunte« Teams, sondern unterschiedliche Perspektiven seien – also *diversity of thought*. Wer sich dabei allerdings auf die erworbene Vielfalt verlässt, ist schlecht beraten. Studie um Studie belegt nämlich, dass sichtbare und/oder angeborene Unterschiede die Schlagkraft erhöhen.

Die positive Wirkung auf das Ergebnis, wenn Frauen und Männer zusammenarbeiten, ist längst belegt. Die Deutsche Börse zum Beispiel experimentiert aktuell mit einem »Diversity Dax«. Er enthält die 30 Unternehmen, die beim Ranking der 100 größten deutschen börsennotierten Unternehmen bei der Geschlechtergerechtigkeit in Vorstand und Aufsichtsrat ganz vorn liegen. Laut Börse hat der Test-Index den DAX auf Sicht von zwei Jahren um rund 4,3 Prozentpunkte geschlagen.[62]

Das Credit Suisse Research Institute hat festgestellt, dass Konzerne, in denen das Führungsgremium zu einem Viertel aus Frauen besteht, eine 4 Prozent höhere Cashflow-Rendite hatten.[63] Gemischtgeschlechtliche Führungsteams – Vorstände und Aufsichtsräte – gewährleisten zudem eine bessere Corporate Governance. Anhand der Untersuchung von fast 2500 Firmen über einen Zeitraum von sechs Jahren hat sich auch gezeigt, dass diejenigen mit mindestens einer Frau im Top-Management höhere Renditen und ein höheres Wachstum verzeichnet haben. Einfach gesagt: Für Aktionäre wäre es im Schnitt schlauer gewesen, in Firmen mit weiblichen Top-Kräften zu investieren statt in welche ohne.

Auf der Suche nach den Gründen für dieses Phänomen ist das Institut tief in die bestehende Forschung eingestiegen. Dabei hat sich herausgestellt, dass der Erfolg nicht auf überlegenen Fähigkeiten oder Kenntnissen von Einzelnen basiert. Stattdessen liefern in heterogenen Gruppen alle Beteiligten bessere Ergebnisse, weil zusätzliche Aspekte bedacht und diskutiert werden. Und ein ganz trivialer Punkt wirkt sich zusätzlich positiv aus: Die Beteiligten bereiten sich besonders gut auf Besprechungen vor, weil es ihnen peinlich ist, sich vor Menschen zu blamieren, die anders sind als sie selbst.[64]

Dass fehlende Vielfalt im wahrsten Sinne des Wortes tödlich sein kann, belegt ein US-Experiment, das untersucht hat, wie sich die Hautfarbe der Geschworenen auf die Wahrscheinlichkeit eines fairen Urteiles auswirkt. Eine rein weiße beziehungsweise eine Jury mit weißen und schwarzen Geschworenen hatte dabei über einen schwarzen Verdächtigen zu entscheiden. War die Jury gemischt oder hatten sich die Beteiligten im Vorfeld mit einem möglichen Einfluss von Rassismus auf das Urteil auseinandergesetzt, war die Wahrscheinlichkeit geringer, dass sie vor Beginn der Beratungen von der Schuld des Angeklagten überzeugt waren.

Die Forschenden identifizierten dafür einen Grund, der auch in anderen Untersuchungen immer wieder zum Tragen kommt: Allein das Wissen, dass sie Teil einer gemischten Jury sind, reicht aus, damit sich die Beteiligten im Vorfeld mit ihren Vorurteilen auseinandersetzen und damit, wie sie sie beeinflussen könnten. Mit vorschnellen Urteilen hielten sich die Geschworenen dann eher zurück. Der gleiche Effekt zeigte sich auch in den Beratungen. In den gemischten Jurys dauerten sie länger, es wurden deutlich mehr Fakten diskutiert und die Beteiligten machten weniger falsche Aussagen zum Fall.[65]

Tipps für vielfältige Perspektiven

Unterstützen Sie Ihre Intentionen mit einer klugen Wortwahl.
Was wir sagen, hat erhebliche Auswirkungen jenseits der offensichtlichen Aussage und unseren Intentionen. Wer sich eine konstruktive Diskussion wünscht, in der unterschiedliche Gedanken und Ideen sichtbar werden, sollte in der Einleitung weniger auf Gemeinsamkeiten abheben, sondern sagen, dass eine »lebhaften Diskussion« oder »kritische Auseinandersetzung« gefordert ist.

Geben Sie verschiedenen Perspektiven Raum. Nutzen Sie bei Diskussionen Einzelarbeit und Post-its, um ein breites Spektrum an Ideen zu sammeln. Schaffen Sie psychologische Sicherheit, zum Beispiel durch vorgegebene Rollen und / oder Gespräche in kleinen Gruppen.

Ermuntern Sie Menschen, sich zu »trauen«. Es fällt leichter, eine abweichende Meinung auszudrücken, wenn das noch jemand tut – selbst wenn die von der eigenen abweicht. Zeigen Sie Ihr Interesse an unterschiedlichen Meinungen und unterbinden Sie Versuche der

Mehrheit, Teammitglieder mit anderer Sichtweise zu unterbrechen. Bitten Sie Menschen, Sie zu kritisieren, und zeigen Sie, dass Sie Rückmeldungen wertschätzen.

Vermeiden Sie Echokammern, in denen nur die eigene Meinung widerhallt. Verlassen Sie sich bei einer schwierigen Entscheidung nicht auf die engsten Vertrauten. Sprechen Sie mit Menschen, die eine ganz andere Empfehlung haben, und verstehen Sie, warum.

Vervielfältigen Sie ihren Bekanntenkreis. Stellen Sie sicher, dass in Ihrem Team, im Freundes- und Bekanntenkreis und in Ihrem Netzwerk Menschen mit anderer Herkunft und unterschiedlichen Perspektiven vertreten sind. Probieren Sie neue Sachen aus, ob fremde Länder, Küchen oder Literatur. Suchen Sie neue Erfahrungen und das Gespräch, selbst wenn Sie sich damit (zunächst) unwohl fühlen.

Kapitel 5

Sie machen das immer besonders gut

Wieso Delegation oft unfair ist und Beschäftigte ausbremst

Montagmorgen, 9 Uhr. »Ich hoffe, ihr hattet ein erholsames Wochenende und brennt darauf, diese Woche wieder richtig durchzustarten.« Peter begrüßt seine Abteilung mit dem gewohnten Elan zum Teammeeting.

Noch während alle Zustimmung signalisieren, spricht er weiter. »In den letzten Wochen haben wir uns sehr intensiv mit der Vorstandpräsentation beschäftigt. Trotzdem dürfen natürlich andere Projekte nicht unter den Tisch fallen. Deshalb habe ich Alexander gebeten, den Lead für die Arbeit mit dem Vorstand zu übernehmen.« Er strahlt seinen Mitarbeiter an, der lächelt geschmeichelt zurück. »Danke, dass du das machst! Ich weiß, wir können auf dich bauen.«

»Für uns anderen heißt es heute also ›back to basics‹. Verschaffen wir uns erst mal einen Überblick. Linda, würdest du das Protokoll übernehmen?«

»Das passt heute nicht gut. Ich habe es übrigens auch schon in den letzten beiden Meetings geführt.«

»Ich weiß, ich weiß! Deine Protokolle sind immer vorbildlich. Du machst das besonders gut. Und auch wenn es mal eng ist, wir müssen alle Aufgaben außerhalb unseres Tagesgeschäfts übernehmen. Sieh dir Alex an – ein echter Teamplayer.«

Die meisten haben es wahrscheinlich schon erlebt: In Teams werden ungeliebte Aufgaben oft sehr unterschiedlich verteilt, und zwar ganz unabhängig von fachlichen Kompetenzen oder der Qualifikation. Als »Haushaltsaufgaben« werden solche Tätigkeiten in der Literatur oft bezeichnet. Sie bleiben – nicht nur in den eigenen vier Wänden – überwiegend an Frauen hängen oder sie werden Menschen übertragen, die keine weiße Hautfarbe haben.

Ungeliebte Tätigkeiten werden ungerecht verteilt

Ob es darum geht, Protokoll oder Listen zu führen, den Besprechungsraum zu buchen und später aufzuräumen, das Mittagessen zu bestellen oder Geburtstagsgeschenke zu organisieren. Fast jede dritte Frau stellt fest, dass entsprechende Tätigkeiten vorzugsweise bei ihr landen.[66] Auch die Anleitung neuer Beschäftigter oder Bemühungen um andere, denen es aktuell weniger gut geht – »Er hat Probleme mit seiner Frau, kannst du mal mit ihm reden?« – werden gerne Frauen übertragen, und zwar völlig unabhängig von der Branche. Obwohl diese Tätigkeiten ohne Zweifel wichtig sind und das Funktionieren einer Abteilung gewährleisten, eines haben sie gemeinsam: Sie sind nicht besonders glamourös und empfehlen niemanden für höhere Weihen.

Persönlichkeitsfaktoren und der eigene Stil beeinflussen ebenfalls, welche Tätigkeiten wir auf den Tisch bekommen. Die westliche Kultur hat das griechisch-römische Ideal des großen Rhetorikers tief verinnerlicht. Wer souverän auftritt und überzeugend spricht, ist in einer tollen Ausgangsposition für spannende Aufgaben und weitere Meriten. Uns ist Aktion wichtiger als Kontemplation und entsprechend tendieren wir dazu, Menschen weniger zuzutrauen, die sich nicht in den Vordergrund stellen. Während besonders charismatische Beschäftigte die Gelegenheit erhalten, Einfluss auf strategische Projekte zu nehmen, werden Introvertierte und ihr Beitrag häufig übersehen und unterschätzt.[67]

Auch Jüngere klagen über Langeweile. Obwohl fast 90 Prozent der Millennials sich entwickeln und mit der Karriere vorankommen wollen, haben noch nicht einmal 40 Prozent den Eindruck, dass sie im Job in den letzten 30 Tagen etwas Neues gelernt hätten.[68]

Dass Frauen und Mitglieder von (ethnischen) Minderheiten häufig Aufgaben zugeteilt bekommen, die »halt erledigt werden müssen«, hängt stark mit Stereotypen und Vorurteilen zusammen. Mit unserer vorgefertigten Meinung davon, wer welche Stärken, Interessen und Verantwortlichkeiten hat – und zwar als Gruppe, ganz unabhängig von der einzelnen Person. Frauen sollen freundlich und hilfsbereit sein und sich nicht in den Mittelpunkt stellen. Sie sollen engagierte Teamspielerinnen sein, welche die Interessen von Firma und Abteilung über die eigenen Aufstiegsambitionen stellen.[69] Auch von Menschen mit Migrationshintergrund erwarten wir eher, dass sie im Büro unterstützende Tätigkeiten übernehmen. Schließlich entspricht das unserer tagtäglichen Realität, wenn wir uns am Dönerstand, im Nagelstudio oder beim Gemüsehändler bedienen lassen und vielleicht sogar jemand mit ausländischen Wurzeln bei uns zu Hause putzt.[70]

Zudem beeinflusst ein weiterer Punkt die Aufgabenverteilung: Wer stereotypischen Erwartungen unterliegt, sagt eher Ja zu undankbaren Tätigkeiten.[71] Das macht es den Fragenden leicht und sie vermeiden unangenehme Diskussionen. Gleichzeitig trägt es dazu bei, den Status quo zu bewahren.

Widerstand zwecklos

Doch auch sich zu wehren ist oft eine schlechte Option. Ob lautstarker Widerspruch oder heimlicher Boykott durch mäßige Arbeitsqualität – Strategien, die für andere trefflich funktionieren, um nie wieder gefragt zu werden, gehen für Frauen und Minderheiten eher nach hinten los. Wer Erwartungen nicht entspricht, wird tendenziell abgestraft.[72] »Sie ist sich zu schade« oder »Er blockiert das Team« heißt es dann. Die Quittung folgt auf den Fuß – oder spätestens im nächsten Beurteilungsgespräch.

Auch jenseits der persönlichen Konsequenzen für die Beteiligten schadet eine ungerechte Aufgabenverteilung dem Team. Weil es den Zusammenhalt schwächt und unnötige Fronten aufwirft. Weil sich Menschen, die das Protokoll schreiben, weniger rege an der Diskussion beteiligen und dadurch spannende Perspektiven verloren gehen. Oder die Betroffenen geben irgendwann auf und verlassen das Unternehmen oder zumindest die Abteilung.

Wer mit administrativen Tätigkeiten eingedeckt wird, hat oft weder

Zeit noch Gelegenheit, Aufgaben zu übernehmen, die den Horizont erweitern, Sichtbarkeit schaffen und der Karriere dienen. Das können strategische Projekte sein, die Mitarbeit in Gremien, welche die Möglichkeit bieten, wichtige Kontakte zu schließen, oder Präsentationen und Vorträge, die helfen, das eigene Image und das der Firma zu stärken. Bei entsprechenden Aufgaben werden Frauen und Menschen mit Migrationshintergrund oft übergangen.[73]

Für die Betroffenen hat das fatale Konsequenzen. Während fachliche Kompetenz und eine gute persönliche Bilanz die Voraussetzung dafür sind, um in einer Führungsposition erfolgreich zu sein, bringt einen etwas anderes überhaupt erst dorthin: Sichtbarkeit. Gesehen und gekannt zu werden ist entscheidend für den Weg nach oben.[74]

Als Grund für die ungleiche Aufgabenverteilung werden oft mangelndes Interesse oder fehlendes Selbstbewusstsein ausgemacht. Dass das nicht stimmt, zeigt eine groß angelegte Studie, die nach Abschluss des MBA die Karrierewege von fast 3 500 Absolvent_innen verfolgt hat. Das Ergebnis war eindeutig: Männer und Frauen hatten sehr ähnliche Strategien, um ihre Karriere voranzutreiben, allerdings zahlte sich das für Männer deutlich stärker aus. Gerade unter denjenigen, die sich alle Optionen offenhielten, um – ganz egal, ob intern oder anderswo – schnellstmöglich Karriere zu machen, zogen die Männer an den Frauen vorbei, und fast doppelt so viele schafften es im gleichen Zeitraum an die Spitze.[75]

Aufgaben fair verteilen

Trotz der großen Bedeutung ist Delegation eine unterentwickelte Fähigkeit, die wenig Aufmerksamkeit genießt und selten mit Bedacht eingesetzt wird. Aber während etwa die Hälfte der Unternehmen zweifelt, dass ihre Führungskräfte sie gut beherrschen, wird nur etwa jedes vierte von ihnen aktiv, um das zu ändern.[76] Dabei ist eine vernünftige Verteilung von Aufgaben innerhalb eines Teams nicht nur entscheidend, damit es seine Ziele erreicht. Sie ist auch Voraussetzung dafür, dass Beschäftigte sich und ihre Fähigkeiten entwickeln, Neues lernen und engagiert und motiviert bei der Arbeit bleiben. Gleichzeitig ermöglicht es Vorgesetzten, selbst Tätigkeiten jenseits des Tagesgeschäftes umzusetzen, neue Kontakte zu knüpfen und die Zusammenarbeit mit anderen Bereichen voranzutreiben.

Von einer fairen Aufgabenverteilung profitieren dabei nicht ausschließlich Frauen und sichtbare Minderheiten. Auch introvertierte Männer, die nicht sofort die Hand heben und sich für eine spannende Aufgabe in Stellung bringen, haben bessere Chancen, interessante Projekte zu übernehmen, oder diejenigen, die eher dazu tendieren, ihr Licht unter den Scheffel zu stellen. Es hat sogar Vorteile für die extrovertierten, engagierten Stars einer Abteilung, die potenziell denken, dass ein Nein ihrer Karriere schadet oder die Abteilung ins Chaos stürzt.

Standardaufgaben

Wie lassen sich ungeliebte Routineaufgaben im Team gerecht verteilen?[77]

- **Verschaffen Sie sich einen Überblick:** Welche Tätigkeiten fallen in Ihrem Team wie häufig an? Am besten machen Sie dazu eine Umfrage. Diese vermittelt oft auch gleich ein erstes Gefühl, wie ungleich entsprechende Aufgaben bisher verteilt waren.
- **Delegieren Sie mit System:** Eine alphabetische Liste, eine chronologische Reihenfolge oder ein anderes systematisches Verfahren hilft sicherzustellen, dass Standardaufgaben gleichmäßig verteilt werden.
- **Setzen Sie nicht auf Freiwilligkeit:** Aufgrund von Stereotypen und sozialem Druck wird sonst der Löwenanteil an entsprechenden Arbeiten bei den üblichen Verdächtigen landen – ob die das wollen oder nicht. Auch Aufgaben nach tatsächlichen oder vermeintlichen Interessen zu verteilen führt meistens zu einem Ungleichgewicht im Team und bedeutet, dass Frauen Geburtstagskuchen und Blumen besorgen, während andere mit fachlichen Aufgaben glänzen.
- **Seien Sie konsequent:** Es ist eine Selbstverständlichkeit, dass alle im Team ihre Aufgaben – auch die unbeliebten – erledigen. »Ich habe es nicht so mit Details« oder »Das ist jetzt weniger mein Ding«

ist keine Entschuldigung, sondern schlechtes Verhalten und mangelnde Leistung.

Sichtbare Projekte

Um Projekte mit hoher Sichtbarkeit zu besetzen und nicht bloß dem Bauchgefühl zu folgen, ist es wichtig, transparente Kriterien zu definieren, die für den Erfolg erforderlich sind, und anschließend die Aufgaben entsprechend zu verteilen. Obwohl bei der Vergabe von solchen Projekten mehr Entscheidungskriterien eine Rolle spielen, ist es wichtig, zu gewährleisten, dass alle fair zum Zuge kommen.[78]

- **Überblick gewinnen.** Erfassen Sie Schwerpunkte und Aufgaben, die in nächster Zeit anstehen, und die Fähigkeiten, die notwendig sind, um sie erfolgreich zu Ende zu führen.
- **Verantwortliche identifizieren.** Überlegen Sie, welche Teammitglieder geeignet sind, welche Verantwortlichkeiten zu übernehmen. Hinterfragen Sie Zweifel. Eventuell kommen Sie dadurch eigenen Vorurteilen auf die Spur. Holen Sie bei Bedarf eine weitere Meinung ein.
- **Ermöglichen Sie Wachstum.** Wenn die Wahl aufgrund erforderlicher Fähigkeiten eingeschränkt ist, bietet das Projekt eventuell die Möglichkeit, dass weniger erfahrene Teammitglieder »mitlaufen« und dadurch neue Fähigkeiten erlernen.
- **Halten Sie Optionen im Blick.** Legen Sie eine Tabelle an, in der relevante Informationen zu allen Teammitgliedern erfasst sind. Dazu gehören eigene Beobachtungen, Feedback von anderen und Informationen zu Zielen und bevorzugten Arbeitsweisen, die Sie von Ihrem Team erhalten. Was motiviert oder frustriert die Einzelnen?
- **Planen Sie Entwicklung, nicht nur beim Beurteilungsgespräch.** Ergänzen Sie Ihre Notizen, wenn Sie Ideen haben, um die Entwicklung und Karriere von Teammitgliedern zu unterstützen. Welche Aufgaben könnten sie herausfordern und welche Menschen sollten sie treffen?

Wer einmal eine solche Basis geschaffen hat, braucht nur 15 Minuten wöchentlich, um die Liste aktuell zu halten und ganz unterschiedlichen Teammitgliedern gerecht werden zu können.

Richtig delegieren

Um Teammitglieder zu entwickeln, reicht es nicht aus, ihnen Projekte vor die Füße zu werfen und sie dann zu mikro-managen aus Furcht, irgendetwas könnte schieflaufen. Oder die Verantwortung abzugeben und zu hoffen, dass alles gut läuft beziehungsweise sich die nun Verantwortlichen rechtzeitig melden, bevor die Dinge den Bach runtergehen.

Ein paar Maßnahmen steigern die Wahrscheinlichkeit ganz erheblich, dass delegierte Projekte reibungslos ablaufen und die erhofften Ergebnisse erzielt werden:

- Gute Vorbereitung ist die Basis für erfolgreiches Gelingen. Wenn Inhalte, Rahmenbedingungen und Erwartungen unklar bleiben, ist Misserfolg quasi programmiert. Deshalb ist es wichtig, im Vorfeld die Ziele und den Zeitplan klar zu definieren und sich Gedanken über Herausforderungen zu machen, die im Projektverlauf vermutlich auftreten werden.
- Keine Absprachen zwischen Tür und Angel. Nehmen Sie sich Zeit, um das Projekt in Ruhe miteinander durchzugehen. Warum jemand beauftragt wird, eine bestimmte Aufgabe zu übernehmen, welche Überlegungen zu dieser Entscheidung geführt haben und welches die Erwartungen sind. Vereinbaren Sie die Ergebnisse und das Timing und verständigen Sie sich über Meilensteine. Da nicht nur Arbeit, sondern auch Verantwortung übertragen wird, ist dieses Gespräch ein Dialog – kein Monolog –, in dem die Vorstellungen der Beteiligten miteinander angeglichen werden.
- Unterstreichen Sie die Bedeutung und die Verantwortung. Häufig wird nicht ausreichend Zeit darauf verwandt, sicherzustellen, dass sich die Verantwortlichen tatsächlich verpflichtet fühlen, ein Ergebnis abzuliefern und das Projekt konsequent voranzutreiben. Oft sind sie sich ihrer Rolle nicht ausreichend bewusst oder der

Konsequenzen für Team und Organisation, wenn sie Ziele nicht erreichen.

- Treffen Sie klare Vereinbarungen. Ziel des Gesprächs ist eine gemeinsame Vorstellung, was bis wann und warum erledigt wird. Dazu ist es entscheidend, dass Beschäftigte in eigenen Worten wiederholen, was vereinbart wurde und welches ihre nächsten Schritte sind. Statt auf »Alles klar?« ein Ja zu ernten, selbst wenn viele Fragen offen sind, gewährleisten offene Fragen, dass verbliebene Unklarheiten auf den Tisch kommen. Das ist besonders in vielfältigen Teams wichtig, wenn es den Beteiligten zum Beispiel aufgrund kultureller oder sozialer Erwartungen schwerfällt, Unsicherheiten einzugestehen, oder wenn ihnen schlicht die Erfahrung fehlt, um Unklarheiten zu erkennen.
- Informieren Sie Stakeholder. Natürlich ist es nicht ausreichend, wenn die neuen Projektverantwortlichen ihre Rolle kennen. Auch wichtige Stakeholder gilt es über die neue Verantwortung zu informieren und darüber, was sie beinhaltet.

Wenn sich dann im Verlauf des Projekts Schwierigkeiten ergeben, ist das eine Entwicklungsmöglichkeit. Statt selbst in die Bresche zu springen, gilt es daher, die Verantwortlichen durch den Prozess zu coachen und ihnen dabei zu helfen, das erforderliche Wissen und wirksame Lösungen zu entwickeln. Schon allein um Überraschungen – und Notfälle – zu vermeiden, sind dazu regelmäßige Updates erforderlich.[79]

Tipps, um fair zu delegieren

Rotieren Sie ungeliebte Aufgaben. Verschaffen Sie sich einen Überblick über die »Haushaltsaufgaben« im Team. Nutzen Sie einen strukturierten Plan – chronologisch oder alphabetisch –, um sicherzustellen, dass ungeliebte Tätigkeiten nicht immer bei den gleichen Personen hängen bleiben.

Geben Sie allen die Chance, zu glänzen. Übergeben Sie spannende Projekte nicht automatisch an die, die Ihnen zuerst einfallen.

Überlegen Sie, welche Fähigkeiten und Erfahrungen tatsächlich erforderlich sind, wer sie mitbringt und wer von einer Beteiligung profitieren könnte.

Behalten Sie den Überblick. Erstellen Sie eine Tabelle, wer was warum lernen sollte, und arbeiten Sie regelmäßig mit ihr.

Integrieren Sie Delegation in bestehende Verantwortlichkeiten. Nutzen Sie Delegation für die Entwicklung von Teammitgliedern. Berücksichtigen Sie entsprechende Möglichkeiten in Entwicklungsplänen und -gesprächen.

Nutzen Sie den eigenen Einfluss, um Normen zu verändern. Weisen Sie andere darauf hin, wenn Aufgaben ungerecht verteilt werden, und machen Sie auf die Konsequenzen aufmerksam, die daraus für die Einzelnen und die Organisation entstehen.

Kapitel 6
Können Sie mir mal kurz eben helfen?

Warum erfolgreiche Zusammenarbeit Regeln braucht und wie sich Konflikte thematisieren lassen

»Hast du einen Augenblick?« Kurt hatte sich eigentlich nur schnell einen Kaffee holen wollen, um dann endlich den längst fälligen Bericht fertig zu machen, aber Peter sah ihn erwartungsvoll an.

»Ja, kein Problem.«

»Es ist wegen des Team-Offsites. Du weißt ja, Yasmin hatte eine tolle Idee. Die gilt es jetzt umzusetzen und da habe ich an dich gedacht.«

»Klar, ich kann schon unterstützen. Worum geht's denn genau?«

»So im Detail haben wir das noch nicht besprochen. Das steckt ja auch alles aktuell noch in den Kinderschuhen. Vielleicht setzt ihr euch am besten mal zusammen. Fragt vielleicht noch ein paar Kollegen. Ihr könnt ja auch ein Team dafür gründen, das wäre doch nicht schlecht. Noch besser: eine Task-Force. Das klingt engagiert und aktiv. Up to date. Gefällt mir.«

»Toll, ein anderer macht's« ist lange schon ein beliebtes Akronym für Teamarbeit. Aber die Bedeutung dieser Arbeitsform, Dinge gemeinsam zu erledigen, ist ungebrochen. Und dafür gibt es gute Gründe.

Dass unterschiedliche Menschen nicht nur neue Perspektiven beitragen, sondern auch Gruppendenken vermeiden und dadurch bessere Lösungen ermöglichen, war das Thema in Kapitel 4. Aber damit nicht genug. Eine Untersuchung der Daten großer Beratungsunternehmen hat gezeigt, dass durch eine gute Zusammenarbeit – gerade auch zwischen Teams – zusätzliche Potenziale erschlossen, mehr Umsatz und ein höheres Ergebnis erzielt werden können und dass entsprechende Projekte sogar höhere Margen haben.

Trotzdem ist die Begeisterung bei den Beteiligten überschaubar. Schließlich dauert es, bis sie den Mehrwert spüren. Es ginge schneller und einfacher, sich auf das eigene Arbeitsgebiet zu konzentrieren und die Ergebnisse einzufahren. Dabei übersehen sie jedoch die Vorteile, die sich mittelfristig auch für sie persönlich ergeben. Dazu gehört eine höhere Sichtbarkeit – besonders gegenüber Top-Führungskräften – ebenso wie höhere Umsätze im eigenen Fachgebiet. Denn wer intensiv mit anderen zusammenarbeitet, demonstriert die eigenen Erfahrungen, Fähigkeiten und baut Vertrauen auf. Das führt auch dazu, dass Kolleg_innen einen gerne weiterempfehlen, wenn sich die Möglichkeit dazu ergibt.[80]

Aber während viele von uns intellektuell durchaus begreifen, dass es sich lohnt, das Wissen, die Erfahrung und die Unterstützung anderer zu nutzen, bestehen gleichzeitig Bedenken, die eine potenzielle Zusammenarbeit untergraben. Es fühlt sich oft ineffizient an, alles dauert zu lange. Zudem kann es ein Risiko sein, das eigene Können zu teilen, wenn man befürchtet, dass andere absahnen, mitnehmen, dafür sorgen, dass sie selber glänzen, ohne den Beitrag hervorzuheben, den man selbst geleistet hat. Oder wenn man glaubt, dass sich die Mühe im Endeffekt eventuell nicht lohne.

Da kann es kaum überraschen, dass eine Kultur, die Rockstars feiert und deren Verhalten – im wahrsten Sinne – honoriert, einer vertrauensvollen Zusammenarbeit abträglich ist. Dagegen steigt in einem inklusiven Umfeld die Bereitschaft, andere zu unterstützen. Das setzt voraus, dass Beschäftigte Wertschätzung erleben, Gemeinsamkeiten innerhalb des Teams erkennen und gleichzeitig ihre Individualität bewahren können. Das befördert Innovationen im Job, intelligentere und effizientere Lösungsansätze und steigert die Leistung der Gruppe.[81]

Aber ganz egal ob Gruppe oder Groupies, grundsätzlich lohnt es sich, bewusst zu entscheiden, wann, in welcher Form und warum zusammengearbeitet werden soll, sonst treibt man sein Team beziehungsweise dessen Mitglieder in die Verzweiflung.

Viel zu viel des Guten

Inzwischen verbringen Menschen bis zu 80 Prozent ihrer Arbeitszeit in Meetings, am Telefon oder beim Bearbeiten ihrer E-Mails. Da bleibt wenig Gelegenheit, die eigene Arbeit anzugehen oder auch nur die Aktionspunkte abzuarbeiten, die man in den verschiedenen Treffen kassiert hat. Die Leistung leidet unter einem nie endenden Fluss an Anfragen, und selbst wer Arbeit mit nach Hause nimmt, bewältigt sie nicht mehr. Das Ergebnis sind Stress, Burn-out und Teammitglieder, welche die Segel streichen und das Unternehmen verlassen.[82]

Wer allerdings analysiert, wer mit wem zusammenarbeitet und welche Leistungen Einzelne erbringen, macht eine erstaunliche Entdeckung: Vorgesetzten ist oft gar nicht bewusst, wer die meiste Unterstützung bietet und den größten Beitrag leistet. Netzwerkanalysen zeigen regelmäßig, dass es keine automatische Verbindung zwischen der persönlichen Sichtbarkeit, offensivem Name-dropping oder der anscheinend fast unbegrenzten Zahl an Kontakten gibt und dem Beitrag, den Menschen tatsächlich leisten.

Dafür kann es viele Gründe geben. Vielleicht kommen sie aus einer Kultur, bei der es unüblich oder sogar inakzeptabel ist, sich selbst in den Vordergrund zu rücken. Eventuell arbeiten sie schlicht am falschen Platz – etwa im Home-Office oder an einem anderen Standort – und ihnen fehlt daher die Gelegenheit, elegant beim Mittagessen oder dem Feierabendbier die eigenen Erfolge hervorzuheben. Oder es entspricht ganz einfach nicht ihrer Persönlichkeit, sich selbst auf die Schulter klopfen.

Der Grund kann aber auch ein ganz anderer sein: Vielleicht gelingt es ihnen aufgrund von Extratätigkeiten nicht mehr, den eigenen Job so gut zu erledigen, wie es von ihnen erwartet wird, und ihre Vorgesetzten verlieren das Vertrauen, weil zum Beispiel Dinge liegen bleiben und Projekte nicht zeitgerecht abgeschlossen werden.

Beiträge unterscheiden sich

Um das Problem einzugrenzen, lohnt es sich, darauf zu schauen, auf welche verschiedene Arten Menschen einen Beitrag zum Erfolg leisten können. Im Prinzip gibt es dabei drei Möglichkeiten:

1. Ich kann Informationen liefern, also mein Wissen und besondere Kenntnisse.
2. Ich biete soziale Ressourcen, das heißt, ich schaffe Sichtbarkeit oder mache Kontakte.
3. Schließlich kann ich persönlich helfen, also Zeit und Energie investieren.

Dabei gibt es zwischen den unterschiedlichen Beiträgen nicht nur inhaltlich große Unterschiede, ein zweiter Aspekt ist entscheidend: Während ich relativ schnell eine Auskunft geben oder einen Kontakt herstellen kann, sieht das bei den persönlichen Beiträgen anders aus. Sie sind üblicherweise zeitintensiv. Und während ich die gleiche Information immer wieder geben und den gleichen Kontakt mehrfach nutzen kann, ist einmal investierte Zeit weg. Und sie fehlt mir in anderen, eigenen Projekten.

Entsprechend finden sich bei Untersuchungen auch nur etwa die Hälfte der hilfreichsten Kontakte unter den anerkannten »Leistungsträgern« wieder. Wer viel eigene Zeit und Energie investiert, wird zwar gerne um Hilfe gebeten, von Vorgesetzten potenziell allerdings weniger gewürdigt. Lorbeeren ernten dann andere: Etwa jeder fünfte »Star« im Team oder in einer Organisation konzentriert sich ausschließlich auf die eigenen Ziele und kommt nicht einmal auf die Idee, andere zu unterstützen.[83]

Langfristig ist das allerdings nicht unbedingt die beste Strategie. »Nehmer« (*taker*), welche die eigenen Interessen über die von anderen stellen, können extrem erfolgreich sein, wenn sie unabhängig agieren oder es ihnen gelingt, Menschen zu übervorteilen. In einem Umfeld, in dem wir aufeinander angewiesen sind, in dem Zusammenarbeit wichtig ist und über einige Zeit andauert – also quasi überall –, haben mittelfristig »Geber« (*giver*) die Nase vorn. Das sind Menschen, die anderen zur Seite stehen und ihnen helfen, erfolgreich zu sein, und im Gegenzug von ihrem Netzwerk und seiner Unterstützung profitieren.[84]

Verhalten und Standards unterscheiden sich

Allerdings sind auch diejenigen Beschäftigten, welche die geringste Produktivität haben, tendenziell »Geber«. Weil sie sich für andere aufreiben. Wer dabei zunächst an Frauen denkt, hat leider recht. Während Männer hauptsächlich mit Informationen oder Kontakten dienen, bieten Frauen viel öfter (66 Prozent) ihre aktive Unterstützung an und investieren mehr Zeit und Energie.[85] Dafür gibt es verschiedene Gründe: Zum einen verhalten sich Frauen grundsätzlich eher als »gute Staatsangehörige«. Das sieht man schon an deutschen Gefängnissen. Hier sitzen knapp 3100 Frauen ihre Strafe ab – und 51000 Männer. Dazu sind Schwere der Tat und Strafmaß tendenziell geringer.[86]

Aber nicht nur, weil sie auf freiem Fuß sind, setzen sich Frauen eher für die Gemeinschaft ein. Sie haben auch eine grundsätzlich andere Vorstellung davon, was einen guten Teamplayer ausmacht. Für sie heißt das, anderen dabei zu helfen, ihre Arbeit zu erledigen. Männer sagen: »Ein echter Teamplayer kennt seine Position und füllt sie gut aus.«[87]

Entsprechend blockieren Frauen – weil sie sich sonst schuldig oder egoistisch fühlen – weniger Zeit, um die eigenen Prioritäten voranzutreiben[88], oder sie opfern diese Zeit, weil andere um Hilfe bitten. Das kann dazu führen, dass sie unkoordiniert, schlecht vorbereitet oder überfordert wirken. Wer denkt: »Ihr Problem!«, hat damit höchstens halb recht, denn ihre Hilfe wird – Stereotypen sei Dank – für selbstverständlich genommen und vorausgesetzt.

So wird bei Männern, die abends länger am Arbeitsplatz bleiben, um andere zu unterstützen, dieses Verhalten deutlich positiver bewertet als bei ihren Kolleginnen. Und wenn sie gehen, wird das als selbstverständlich akzeptiert. Frauen, die genau das gleiche Verhalten zeigen, werden viel kritischer gesehen.[89]

Aber das Geschlecht ist nicht der einzige Faktor, der die Zusammenarbeit beeinflusst. Eine große Rolle spielt auch die ethnische Zusammensetzung einer Gruppe. Obwohl Untersuchungen die Stärke von Teams zeigen, in denen Menschen unterschiedlicher Ethnie oder Hautfarbe zusammenarbeiten – sie verarbeiten mehr Informationen und treffen qualifiziertere Entscheidungen[90], sie machen zuverlässigere Vorhersagen, weil sie sich nicht blind vertrauen[91], alle strengen sich mehr an, berücksichtigen neue Ideen und liefern bessere Leistungen ab[92] –, wird ihnen mit Misstrauen begegnet.

In einem Experiment waren die Beobachtenden – unabhängig vom tatsächlichen Geschehen – überzeugt davon, dass es in gemischten Teams mehr Reibereien gäbe. Gruppen, die nur aus weißen oder nur aus schwarzen Beteiligten bestanden, wurden als gleichermaßen harmonisch wahrgenommen. Doch in bunt gemischten Teams wurden Konflikte vermutet. Diese drehten sich in der Wahrnehmung nicht etwa um die Sache. Stattdessen erkannte man angeblich deutliche Signale persönlicher Auseinandersetzungen. Das hatte Konsequenzen: Die Bereitschaft sank, die Gruppe mit erforderlichen finanziellen Ressourcen auszustatten, und damit die Wahrscheinlichkeit, dass die Beteiligten Erfolg haben würden. Das – unberechtigte – negative Urteil wurde damit potenziell zur sich selbst erfüllenden Prophezeiung.[93]

Wie leicht das passieren kann, zeigt ein Beispiel aus dem Supermarkt: Da scannten Beschäftigte an der Kasse Produkte erheblich langsamer, wenn Vorgesetzte Dienst hatten, von denen die sich diskriminiert fühlten. Fühlten sie sich gerecht behandelt, arbeiteten sie schneller und machten weniger Pausen.[94]

Eine erfolgreiche Zusammenarbeit fördern

Es gibt einige Grundsätze, die helfen, eine erfolgreiche Zusammenarbeit zu unterstützen, in der alle Beteiligten einen fairen Beitrag leisten. Gerade in Teams mit Menschen, die sich stark unterscheiden, ist es wichtig, durchgängige Standards einzuhalten. Ansonsten können sie den Erfolg gefährden, weil beispielsweise nationale Kulturen Menschen davon abhalten, wichtige Fragen zu stellen oder Unsicherheiten zu anzusprechen. Weil Geschlechterstereotype die Erwartung beeinflussen. Oder weil Beschäftigte, die *remote* arbeiten, die falschen Schwerpunkte setzen, da die Erwartungen nicht klar genug kommuniziert wurden.

- **Anforderungen klären.** Definieren Sie bei jedem Projekt, welche Kompetenzen und Erfahrungen für den Erfolg wichtig sind. Das schafft die Basis, um geeignete Teammitglieder zu bestimmen und die Erwartungen an sie zu formulieren.
- **Entscheidungsbefugnisse vereinbaren.** Viel Zeit lässt sich sparen, wenn Entscheidungen möglichst nah am Geschehen getroffen werden. Wer frühzeitig vereinbart, was okay ist und was abgeklärt werden muss, steigert die Zufriedenheit im Team und erspart allen viel Abstimmungszeit. Inzwischen bieten technische Lösungen zahlreiche Möglichkeiten, um die Zusammenarbeit zu unterstützen, ohne dass alle an einem Ort oder gleichzeitig tätig sein müssen. Obwohl viele Organisationen immer noch Wert darauf legen, »sich in die Augen zu blicken«, um ein ultimatives Commitment zu demonstrieren, lohnt es sich, diese Praxis zu hinterfragen.
- **Ziele und Rahmenbedingungen klären.** Vergessen Sie beim Vereinbaren von Zielen und Rahmenbedingungen nicht die erforderlichen Ressourcen. Wichtig ist dabei auch, Mechanismen zu identifizieren, mit denen eine gerechte Verteilung von Beiträgen gewährleistet wird – und um nachzuverfolgen, dass alle liefern.
- **Helfen Sie, Grenzen zu ziehen.** Unterschiedliche Erwartungen zwingen Menschen leicht in eine ungewollte Rolle. Vermitteln Sie ihnen, dass es in Ordnung und sogar wichtig ist, Nein zu sagen. Dass das Team profitiert, wenn sie sich auf die vereinbarten Aufgaben konzentrieren. Das erfordert auch, selbst mit gutem Beispiel voranzugehen und ungeliebte Tätigkeiten nicht bei den ewig Gleichen abzuladen – siehe Kapitel 5.

Um das durchzuziehen, müssen überall offene und auch kritische Rückmeldungen akzeptiert sein. Das hilft fleißig Helfenden, sich abzugrenzen, macht es aber auch leichter, diejenigen anzusprechen, die ihre Beiträge öfter vernachlässigen. Wer dafür einen gemeinsamen Rahmen hat und ihn regelmäßig nutzt, etabliert eine Feedbackkultur, in er es normal ist, die eigenen Sorgen und Bedenken anzubringen.

Feedback und schwierige Gespräche

Innerhalb des Teams lohnt es sich, ein einfaches Feedback-Modell zu implementieren, das es ermöglicht, Rückmeldungen zu geben, ohne Menschen in die Defensive zu treiben (siehe Tabelle 7; mehr Tipps für entwicklungsorientiertes Feedback gibt es im Kapitel 9).

Situation	Beschreiben Sie die Situation. Geben Sie möglichst genau an, wann und wo sie stattfand.
Verhalten	Beschreiben Sie das beobachtbare Verhalten. Bedenken Sie, dass Sie nicht wissen können, was die andere Person gedacht hat.
Auswirkung	Beschreiben Sie, was Sie als Reaktion auf das Verhalten gedacht oder gefühlt haben.

Tabelle 7: Ein gemeinsames Feedback-Modell erleichtert kritische Rückmeldungen

Während entsprechendes Feedback hilft, Situationen aufzuklären, und hoffentlich in einem »Das habe ich nicht gewollt. Ich werde zukünftig drauf achten« resultiert, kann sich das Gespräch auch ganz anders entwickeln. Wenn beide Seiten eine sehr unterschiedliche Sicht auf die Situation haben und darauf beharren, recht zu haben, dann endet die Rückmeldung nicht mit einer gemeinsamen Tasse Kaffee, sondern einem (schwelenden) Streit.

Immerhin haben oft beide Parteien Karten im Spiel. Wir hatten eine Vereinbarung und andere haben nicht geliefert. Ich habe mich für jemanden aus dem Fenster gelehnt und wurde enttäuscht. Ich hatte einen tollen Beitrag, aber der wurde einfach ignoriert oder – noch schlimmer – jemand anders schmückt sich mit meinen Federn. Ein Kollege, eine Kollegin irritiert mich fürchterlich oder geht mir auf die Nerven. Oder jemand kam mit einer Rückmeldung um die Ecke, die ich für unfair halte.

Wenn Emotionen im Spiel sind, macht das die Dinge nicht leichter. Deshalb schieben wir solche Gespräche gerne auf. Oder wir versuchen, die »Sache« zu lösen und unsere Gefühle außen vor zu lassen. Beide Strategien haben wenig Aussicht auf Erfolg, denn in uns rumort es weiter.

Wer schwierige Situationen auflösen will, von denen zwei Menschen betroffen sind, braucht eine andere Strategie. Denn was in mir kocht, ist eine Melange aus meiner Sicht auf die Situation, den Emotionen, die sie auslöst, und meinem Selbstbild, mit dem alles potenziell im Konflikt steht. Nur wenn ich akzeptiere, dass meine Sicht der Dinge nicht die einzige ist, dass sie von meinen Erwartungen, Erfahrungen und meiner Bewertung geprägt ist, schaffe ich die Basis für ein konstruktives Gespräch. Dabei handelt es sich dann eigentlich um drei Gespräche, in denen es abzugleichen gilt, was aus der Sicht aller Beteiligten geschehen ist und was das bei uns ausgelöst hat (siehe Tabelle 8).

	Krieg der Botschaften	Lerngespräch
Das »Was ist passiert?«-Gespräch Herausforderung: Die Situation ist schwieriger, als die einzelnen Beteiligten sehen können.	Annahme: Ich weiß alles, was ich wissen muss, um zu verstehen, was passiert ist.	Annahme: Wir alle haben unterschiedliche Informationen und Wahrnehmungen. Es gibt vermutlich wichtige Aspekte, die die anderen nicht wissen.
	Ziel: Die anderen überzeugen, dass ich recht habe.	Ziel: Die Geschichte der anderen erkunden. Wie beurteilen wir die Situation und warum?
	Annahme: Ich weiß, was die anderen beabsichtigt haben.	Annahme: Ich weiß, was ich wollte und welchen Einfluss die Handlungen der anderen auf mich hatten. Ich weiß nicht und kann nicht wissen, was in ihnen vorgeht.
	Ziel: Ihnen zeigen, dass das, was sie gemacht haben, falsch war.	Ziel: Berichten, was in mir vorgegangen ist, und herausfinden, was sie gedacht haben. Auch klaren, welchen Eindruck ich hinterlassen habe.
	Annahme: Es ist alles ihre Schuld (oder es ist alles meine Schuld).	Annahme: Wir haben wahrscheinlich beide einen Beitrag zur aktuellen Situation geleistet.
	Ziel: Bring sie dazu, das zuzugeben, die Verantwortung zu übernehmen und die Sache wieder in Ordnung zu bringen.	Ziel: Zu verstehen, wer welche Rolle gespielt hat und wie unsere Handlungen zusammengespielt haben, um das Ergebnis zu produzieren.

	Krieg der Botschaften	Lerngespräch
Das »Gefühle«-Gespräch Herausforderung: Die Situation ist emotional aufgeladen.	Annahme: Gefühle spielen keine Rolle und es hilft nicht, darüber zu reden (oder: Die anderen haben meine Gefühle verursacht und das muss ihnen bewusst sein). Ziel: Vermeiden, über Gefühle zu sprechen (oder es ihnen richtig geben).	Annahme: Gefühle stehen im Zentrum des Geschehens. Sie sind üblicherweise komplex. Ich muss potenziell tiefer bohren, um sie zu verstehen. Ziel: Gefühle ansprechen (meine und ihre), ohne sie zu beurteilen. Gefühle anerkennen, bevor eine Lösung gesucht wird.
Das »Identitäts«-Gespräch Herausforderung: Die Situation gefährdet die eigene Identität.	Annahme: Ich bin kompetent oder inkompetent, gut oder böse, liebenswert oder nicht. Dazwischen gibt es nichts. Ziel: Mein Alles-oder-nichts-Selbstwertgefühl beschützen.	Annahme: Psychologisch kann für jeden von uns viel auf dem Spiel stehen. Wir sind alle komplex, niemand von uns ist perfekt. Ziel: Die Identitätsthemen verstehen, die für jede beziehungsweise jeden von uns auf dem Spiel stehen. Ein differenzierteres Selbstbild aufbauen, um eine bessere Balance zu bewahren.

Tabelle 8: Lerngespräch statt »Krieg der Botschaften«, nach Douglas Stone, Bruce Patton und Sheila Heen, Difficult Conversations. Eigene Übersetzung

Oft muss ich zudem eine schwierige Situation mit meinem Selbstbild in Einklang bringen. Das gilt zum Beispiel, wenn ich über meine eigenen Vorurteile gestolpert bin oder feststellen muss, dass ich nicht ganz so edel, hilfreich und gut bin, wie ich glaubte zu sein. Nur so kann ich statt eines »Krieges der Botschaften« ein »Lerngespräch« führen, das alle Beteiligten weiterbringt.[95]

Tipps für eine bessere Zusammenarbeit

Lassen Sie die eigenen Meetings Revue passieren. Überprüfen Sie, ob alle Besprechungen wirklich erforderlich sind und ob alle Beteiligten tatsächlich einen Mehrwert bieten. Planen Sie kürzere Meetings oder treffen Sie sich im Stehen, um die Disziplin zu steigern.

Lernen Sie Ihre Helfenden kennen. Welche Teammitglieder verbringen überdurchschnittlich viel Zeit mit Tätigkeiten jenseits des eigenen Aufgabengebiets? Ist das gut und sinnvoll und wird es von Ihnen angemessen gewürdigt? Oder zerreißen Sie sich und brauchen Unterstützung bei klaren Prioritäten?

Etablieren Sie für Projekte faire und effiziente Standards. Halten Sie Teams überschaubar und wählen Sie die Mitglieder danach aus, welche Kompetenzen und Erfahrungen sie zum Erfolg beitragen beziehungsweise mitnehmen können. Vereinbaren Sie klare Entscheidungskompetenzen.

Machen Sie Feedback zu einem Teil der Teamkultur. Nutzen Sie etablierte Verfahren, damit persönliche Rückmeldungen – auch kritische – in Ihrem Umfeld eine Selbstverständlichkeit werden.

Üben Sie kritische Gespräche. Akzeptieren Sie, dass eigentlich drei Gespräche stattfinden: Was ist eigentlich passiert, wie habe ich mich dabei gefühlt und was sagt die Situation über mich aus'? Suchen Sie das Gespräch auch, wenn Sie sich über Ihren Anteil am Problem (noch) nicht im Klaren sind. Wer sich zu lange mit dem internen Dialog aufhält, spekuliert potenziell in die falsche Richtung und verpasst die Chance auf eine produktive Lösung.

TEIL 3
EIN- UND AUFSTEIGEN

Die nächsten Kapitel beschäftigen sich mit der Karriere – mit Kriterien, die beeinflussen, wer eingestellt wird und wer aufsteigt. Denn die Chancen auf dem Arbeitsmarkt und die Aufstiegswahrscheinlichkeit unterscheiden sich je nach Demografie gewaltig.

Das Kapitel 7 »Ich kenne genau den Richtigen« beschäftigt sich damit, wie Menschen einen begehrten Job erhalten. Wer von dem Stellenangebot erfährt, wer im Bewerbungsverfahren angesprochen wird und welche Kriterien die Erfolgsaussichten auf eine Einstellung beeinflussen. Außerdem zeigt es, wie eine gerechte Personalauswahl gewährleistet werden kann.

Das Kapitel 8 »Das kauft dem doch keiner ab« zeigt, welche Faktoren jenseits der persönlichen Qualifikation entscheidend sind, um für größere Aufgaben berücksichtigt zu werden. Welche Mechanismen manche Karrieren beflügeln und andere behindern und wie es gelingt, Ungerechtigkeiten zu vermeiden.

Im neunten Kapitel »Für Feedback gab es einfach noch keine Gelegenheit« geht es um die grundsätzlichen Unterschiede bezüglich der Rückmeldungen, die Beschäftigte erhalten, um die Gelegenheiten, bei denen Feedback gegeben wird, sowie um Inhalt und Form.

Kapitel 7

Ich kenne genau den Richtigen

Wie wir Menschen im Bewerbungsprozess ausschließen

»Ich kenne den perfekten Kandidaten für den Job!«, Yasmin sieht Peter erwartungsvoll an. »Toller Typ, engagiert, flexibel. Hat bei einem Verein ein megaspannendes Projekt gemacht. Der kann hier wirklich einen Beitrag leisten.«

»Naja, erst mal heißt es ja, intern auszuschreiben«, schaltet sich Johannes ein. »Und falls wir extern gucken, würde ich breit gehen. Der Bereich ist so in Bewegung, da gibt es bestimmt Profile, an die würden wir nicht mal denken.«

»Du weißt doch, wie das mit internen Ausschreibungen läuft«, über so viel Formalismus kann sich Yasmin nur wundern. »Und anschließend regulär suchen? Das dauert Monate und wir wollen jetzt was bewegen.«

»Aber es ist eine Chance, uns besser aufzustellen. Die sollten wir nicht verschenken, weil es gerade praktisch ist!«

Johannes Appell entlockt Yasmin nur ein Schulterzucken. »Peter, wie siehst du das denn? Wollt ihr euch nicht einfach mal auf einen Kaffee treffen? Ich kann ihn gleich anrufen, dann klappt das in den nächsten Tagen.«

In Deutschland wird mittlerweile jede dritte Stelle über persönliche Kontakte besetzt. Bei Kleinbetrieben mit weniger als 50 Beschäftigten sind es sogar 47 Prozent.[96] Was äußerst praktisch und effizient anmutet – es geht schnell und passt bestimmt gut, schließlich kommt jemand mit einer relevanten Referenz –, kann für Arbeitsuchende zum Problem werden. Dass Netzwerke überwiegend homogen sind, war bereits Thema in Kapitel 3. Wer also nicht dem Mainstream angehört, hat schlechtere Chancen auf die »richtigen« Kontakte und darauf, über sie an den Traumjob zu kommen.

Aber nicht nur Bewerbenden kann Mund-Propaganda Optionen verbauen. Das Gleiche gilt für Unternehmen. Sie verpassen die Möglichkeit, interessante Menschen kennenzulernen, die jenseits ihres Radars liegen und neue Perspektiven beitragen können. Stattdessen wird tendenziell Gruppendenken befördert und die Wettbewerbsfähigkeit eingeschränkt.

Ansprechend – aber nicht für alle

Selbst wer offene Stellen bewirbt, bleibt dabei häufig hinter den Möglichkeiten zurück. Die Erfahrung machte zum Beispiel die britische Polizei. Dort wusste man, dass es die Arbeit erheblich erleichtert, wenn die Truppe die vielfältige Bevölkerung angemessen widerspiegelt. Leider scheiterten deutlich mehr Mitglieder ethnischer Minderheiten im Bewerbungsverfahren, weil sie durch den Multiple-Choice-Test fielen, der ihre erwartetet Reaktion in typischen Situationen abfragte.

Dank wichtiger Erkenntnisse aus den Verhaltenswissenschaften konnten die Verantwortlichen die Erfolgsraten angleichen, ohne dass sie den Test selbst angefasst hätten. Stattdessen nutzten sie Priming, um dieser Zielgruppe zu helfen, sich relevante Situationen besser vorzustellen. Dazu wurden sie in der Einladungs-E-Mail aufgefordert, zu überlegen, warum sie eine Bereicherung für die Polizei darstellen würden und wie wichtig das für ihr Umfeld wäre. Die Intervention steigerte ihre Erfolgsrate signifikant und hatte keine Auswirkungen auf weiße Bewerbende.[97]

Anderes Thema, gleiches Problem: Gerade bei Berufsbildern mit einem hohen Männeranteil sprechen oft die Anzeigen – durch Sprache und das Bild von Job und Unternehmen, das sie vermitteln – überwiegend Männer an. Ein solches Ungleichgewicht später wieder einzufangen ist fast unmöglich. Untersuchungen zeigen: Auf der Basis der Wortwahl in der Stellenausschreibung lässt sich ziemlich zuverlässig prognostizieren, wer schließlich eingestellt wird.[98]

In Kapitel 1 bin ich darauf eingegangen, dass sich Mädchen zwischen sechs und zwölf Jahren weniger qualifiziert für einen Beruf fühlen, wenn sie nicht angesprochen werden – wenn nur ein »Ingenieur (m/w/d)« gesucht wird oder ein »Mechatroniker« statt »Astronautinnen und Astronauten«. Bei erwachsenen Frauen ist das nicht der Fall. Sie bekommen keinerlei Zweifel an der eigenen Qualifikation, wenn eine Stellenausschreibung sie nicht anspricht. Wenn Bildsprache oder Begriffe stereotyp männlich sind, schließen sie daraus, dass der Job nicht attraktiv ist und sie nicht in das Unternehmen passen. Bei einer geschlechtergerechten Sprache werden Position und Unternehmen positiver eingeschätzt.[99]

Auch die Länge des Anforderungskatalogs hat Auswirkungen auf den Frauenanteil unter den Bewerbenden. Eine oft zitierte Studie von HP, nach der sich Frauen nur bewerben, wenn sie 100 Prozent der Anforderungen gerecht werden, und Männer ihren Hut in den Ring werfen, wenn sie 60 Prozent erfüllen, ist längst ein Klassiker. Oft wird daraus geschlossen, Frauen hätten weniger Selbstbewusstsein. Eine spannende Untersuchung bietet eine alternative Interpretation: Demnach nehmen Frauen – anders als Männer – die Anforderungen für bare Münze und wollen mit schlecht qualifizierten Bewerbungen keine Zeit verschwenden – weder die eigene noch die der anderen. Was sich unterscheidet, ist also nicht das Vertrauen in die eigenen Fähigkeiten, sondern die Regeltreue und die Vorstellung davon, wie der Prozess funktioniert.[100]

Ein Experiment der Stanford University unterstreicht, warum der beliebte Rat, »Frauen müssen sich einfach mehr trauen«, zu kurz greift. Für einen Versuch wurden hier zwei fiktive Bewerbende für eine Leitungsstelle in einem Labor erfunden. Bis auf die Namen waren die Bewerbungen von Jennifer und John genau gleich. Über 100 Professorinnen und Professoren hatten sich bereit erklärt, die Eignung zu prüfen, und bekamen einen der beiden Lebensläufe zufällig zugeteilt. Trotz gleichem Wortlaut der Bewerbungen wurde Jennifer sowohl von Männern als auch von Frauen als weniger qualifiziert eingeschätzt. Entsprechend war die Bereitschaft deutlich geringer, sie einzustellen oder Zeit in ihre Entwicklung zu investieren. Aufgrund der angeblich fehlenden Qualifikation sollte auch ihr Gehalt geringer ausfallen. 13 Prozent weniger hielten die Befragten im Schnitt für angemessen.[101]

Das Experiment zeigt nicht nur, dass Qualifikation und »Trauen« nicht ausreichen, wenn Stereotype, soziale oder gesellschaftliche Erwartungen im Weg stehen. Es unterstreicht gleichzeitig, dass Frauen keine »besseren« oder »gerechteren« Menschen sind und dass gemischte Interview-Teams die Sache nicht »richten« werden. Frauen orientieren sich unbewusst im Zweifelsfall an den genau gleichen Stereotypen und urteilen unter gleichen Bedingungen nicht vorurteilsfreier als ihre Kollegen. Dass sie – ebenso wie ganz bestimmt die allermeisten Männer – selbstverständlich wissen, dass Frauen nicht weniger klug, qualifiziert oder engagiert sind, ändert daran leider nichts. Wir fallen auch auf Stereotypen herein, wenn wir wissen, dass sie falsch sind. Für eine faire Personalauswahl sind andere Maßnahmen erforderlich.

Ganz elementar ist dabei eine vernünftige Definition der tatsächlichen Anforderungen. Denn die oft geübte Praxis, eine quasi beliebig lange Liste an Erwartungen zu definieren, ist nicht nur rational betrachtet keine gute Idee. Der aufgeblasene Pool an Interessierten, die unterschiedlich viele oder relevante Anforderungen erfüllen, schafft nicht nur beim Screening unnötigen Aufwand. Er leistet zudem der Auswahl nach *cultural fit* Vorschub – der Suche nach Menschen, die sich am reibungslosesten in den Unternehmensalltag einzufügen versprechen.

»Passende« Beschäftigte gesucht

Leider wird die Vorstellung von »passend« von vielen Faktoren beeinflusst, die mit der Qualifikation ganz und gar nichts zu tun haben. Schon unsere Vornamen triggern automatisch eine Einschätzung bezüglich Herkunft und Fähigkeiten und beeinflussen damit unsere Chancen. In den USA finden »Emily« und »Greg« leichter einen Job als »Lakisha« und »Jamal«, Namen, die auf eine schwarze Hautfarbe hindeuten.[102]

In Deutschland sieht das für »Murat« kaum besser aus, denn der Name drückt bereits den Notenschnitt. Studierende einer Pädagogischen Hochschule sollten Diktate von »Murat« und »Max« bewerten. Bei gleicher Fehlerzahl erhielt der vermeintlich türkischstämmige Schüler schlechtere Noten.[103] Und auch Kevin, Mandy und Chantal haben schlechte Chancen, da schon die Lehrkräfte an der Grundschule erwarten, dass sie verhaltensauffällig sind. Anders als Sophie, Charlotte und Jakob, die als leistungsstark und sozial besonders kompatibel gelten.[104]

Aber wenn Lehrende denken, Kevin sei »kein Name, sondern eine Diagnose«, entwickeln sich die Vorbehalte ganz schnell zu einer sich selbst erfüllenden Prophezeiung. Schließlich ist die Wahrscheinlichkeit groß, dass sie »vielversprechenderen« Kindern mehr Aufmerksamkeit schenken.

In den 1960er-Jahren machte der Harvard-Professor Robert Rosenthal Furore, als er einer Schule anbot, mit einem neu entwickelten Test das akademische Potenzial in ihren ersten und zweiten Klassen zu bewerten. Die Schulleitung war begeistert und implementierte ihn sofort. Etwa 20 Prozent hatten laut Test besonders viel Talent. Die Lehrkräfte wurden informiert, wer in ihren Klassen ein »ungewöhnliches Potenzial für intellektuelles Wachstum«[105] besäße, selbst wenn sie in der Vergangenheit nicht besonders positiv aufgefallen waren.

Nach acht Monaten kam Rosenthal wieder, um zu messen, wie sich diese Kinder entwickelt hatten. Das Ergebnis schien die Qualität des Tests und seine Vorhersagekraft eindrücklich zu beweisen. Nicht nur der IQ dieser Kinder hatte sich viel deutlicher gesteigert als der der anderen. Laut Lehrpersonal waren sie neugieriger, glücklicher, kamen insgesamt besser zurecht und hatten deutlich mehr Potenzial für die Zukunft.

Das einzige Problem: Der Test war kompletter Humbug. Die angeblich besonders vielversprechenden Talente waren willkürlich ausgewählt worden. Was die Entwicklung ermöglicht hatte, war nicht das größere Potenzial der Kinder. Das Verhalten der Lehrkräfte hatte sich ihnen gegenüber verändert. Sie hielten mehr Blickkontakt, lächelten und nickten häufiger, zudem nahmen sie sie häufiger dran, gaben ihnen mehr Zeit zum Antworten und setzten ihnen höhere Ziele.[106]

Wir haben es gleich gewusst

Nicht nur die geringere Aufmerksamkeit schafft Barrieren für Kevin und Mandy. Informationen, die unserer Erwartung entsprechen, fallen uns auch eher auf und bleiben besser in Erinnerung (→ *Bestätigungsfehler/Confirmation Bias*). Wenn sich also Mandy danebenbenimmt, sehen wir es – schon wieder! – als Bestätigung dessen, was wir immer gewusst haben. Bei Sophie dagegen ist es ein absoluter Ausrutscher, der bestimmt nie wieder vorkommen wird.

Die Bewertung von Namen basiert auf Vorurteilen bezüglich der sozialen Herkunft und zementiert eine geringe soziale Mobilität. Denn tatsächlich geben nicht nur »Yusuf« und »Elif« Hinweise auf die persönlichen Wurzeln. »Leoni« und »Leon« mögen lange die Hitliste der beliebtesten Vornamen angeführt haben, tatsächlich waren sie allerdings nur Spitzenreiter bei Familien mit einfacher Berufsausbildung. Bei Eltern mit akademischem Abschluss waren sie nicht einmal unter den Top 10. Vornamen sind ein Indikator für die Zugehörigkeit der Namengebenden zu einer sozialen Gruppe, was wiederum die Entwicklungschancen ihrer Kinder beeinflusst.[107]

Und die soziale Mobilität nimmt ab. Während für 1955 bis 1975 Geborene noch ein hohes Maß an Einkommensmobilität galt, stagnierte sie für die später Geborenen. In Deutschland werden 42 Prozent der Kinder, deren Väter Geringverdiener sind, ebenfalls Geringverdiener – deutlich mehr als im OECD-Durchschnitt. Die – fehlende – Dynamik der sozialen Mobilität illustriert eine Modellrechnung: Während es in nordischen Ländern zwei bis drei Generationen dauert, bis die Nachkommen einer armen Familie das Durchschnittseinkommen erreichen können, dauert das in Deutschland sechs Generationen.[108]

Wer »passt«? Und ist das relevant?

Egal in welcher Kultur und in welcher Branche, mehr als 80 Prozent der Arbeitgeber weltweit bezeichnen »Passt in unsere Kultur« als einen wesentlichen Faktor bei der Personalauswahl.[109] Logisch, mag man denken, natürlich wollen wir, dass die Beschäftigten die Werte unseres Unternehmens hochhalten. Dass sie eine kompromisslose Serviceorientierung zeigen, wenn wir 100 Prozent Zufriedenheit versprechen. Dass sie neugierig sind und »*out of the box*« denken, wenn Innovation im Fokus steht.

Leider hat »passen« mit strategischen Überlegungen und einer systematischen Analyse in den meisten Fällen sehr wenig zu tun. Weder die Unternehmenswerte noch die Fähigkeit, Geschäftskontakte erfolgreich zu gestalten und eine gute Beziehung zu maßgeblichen Stakeholdern aufzubauen, sind entscheidend. Stattdessen möchten Menschen vor allem andere einstellen, bei denen die persönliche Chemie übereinstimmt. »Könnte ich es ertragen, mit diesem Menschen auf einem Flughafen festzusitzen?« ist oft das maßgebliche Einstellungskriterium.

Diese Frage wird besonders aufgrund gemeinsamer Interessen und einem ähnlichen Hintergrund positiv beurteilt. Einen erschreckenden Beweis liefert eine Untersuchung US-amerikanischer Großkanzleien. Dabei wurden unterschiedliche Lebensläufe an mögliche Arbeitgeber verschickt. In diesem Fall hatten die Bewerbenden unterschiedliche Hobbys. Die Ausbildung und die Arbeitserfahrung hingegen waren identisch und durchweg beeindruckend. Bei Fans von Fußball, Country Musik und Leichtathletik – Hobbys, die mit einem geringeren sozialen Status verbunden werden – half das wenig. Nur in 1 Prozent der Fälle wurden sie zu einem Vorstellungsgespräch eingeladen. Ganz anders war es bei denjenigen, die klassische Musik, Segeln und Polo lieben. 16 Prozent der Unternehmen wollten sie gerne kennenlernen.[110]

Nicht nur das falsche Hobby kann Menschen ins Aus manövrieren, auch unausgesprochene Kleidungsvorschriften bewahren soziale Barrieren. Für Schuhe gilt am Londoner Finanzplatz weiterhin »*No brown in town*« und ein einfacher Blick auf die Füße reicht oft aus, um diejenigen für hochdotierte Jobs auszusieben, die offensichtlich keine Ahnung haben, was sich »gehört«.[111]

Den Vorstellungen nicht zu entsprechen, habe ich selbst erlebt. Ich habe bei HP in der Presseabteilung zunächst als Praktikantin und dann als Werkstudentin im Bereich Drucker und Computer gearbeitet. Als die Stelle der Pressereferentin frei wurde, war ich gerade mit dem Studium fertig. Ich war sicher, ich hätte den Job so gut wie in der Tasche, denn ich kannte die Produkte und die Medien, kam gut mit allen aus und hatte immer super Ergebnisse abgeliefert. Mindestens einmal in der Woche war ich ohnehin im Büro. Das Interview in der Personalabteilung war nur ein weiterer Termin an einem regulären Arbeitstag. Ganz munter und entspannt ging ich also zum Gespräch.

Als ich sie ansprach, sah mich die zuständige Referentin nur zerstreut an. »Ich habe jetzt keine Zeit. Ich erwarte eine Bewerberin«, sagte sie und wandte sich wieder ihrer Arbeit zu. »Das bin ich«, erwiderte ich fröhlich und erntete einen irritierten Blick. Ich fand, das Gespräch lief echt okay. Die Fragen, wie ich typische Situationen meistern würde, beantwortete ich locker. Immerhin machte ich das seit 1,5 Jahren. Sie war nicht beeindruckt, fand mich zu jung, zu direkt und zu hemdsärmelig. Das gestreifte T-Shirt, in dem ich erschien, war der ultimative Beleg dafür. Es war mein zukünftiger Chef, der die Situation rettete. Sein »Sie sollten mal die Journalisten sehen« verschaffte mir die erste Festanstellung.

Holen Sie sich Hilfe

Ganz wichtig, um unbewussten Vorbehalten und Vorurteilen auf die Spur zu kommen, ist Feedback. Unsere eigene Wahrnehmung weicht oft erheblich davon ab, wie uns andere Menschen erleben. Rückmeldungen ermöglichen, mehr über uns zu lernen und dadurch unseren Handlungsspielraum zu erweitern. Das »Johari-Fenster« in Abbildung 6 hilft zu verstehen, wie und warum sich Selbst- und Fremdbild unterscheiden.

Die »öffentliche Person« ist der Mensch, den wir nach außen darstellen und der von anderen wahrgenommen wird. Es ist der Bereich, in dem Selbst- und Fremdbild übereinstimmen. Er ist zumeist kleiner, als wir annehmen.

»Mein Geheimnis« bleiben Informationen, die mir selbst bekannt sind, die ich anderen jedoch nicht preisgebe. Die Gründe dafür sind vielfältig. Es mag sein, dass ich sie in einem bestimmten Kontext nicht für relevant halte, dass sie nichts zur Sache tun. Vielleicht ist mir etwas

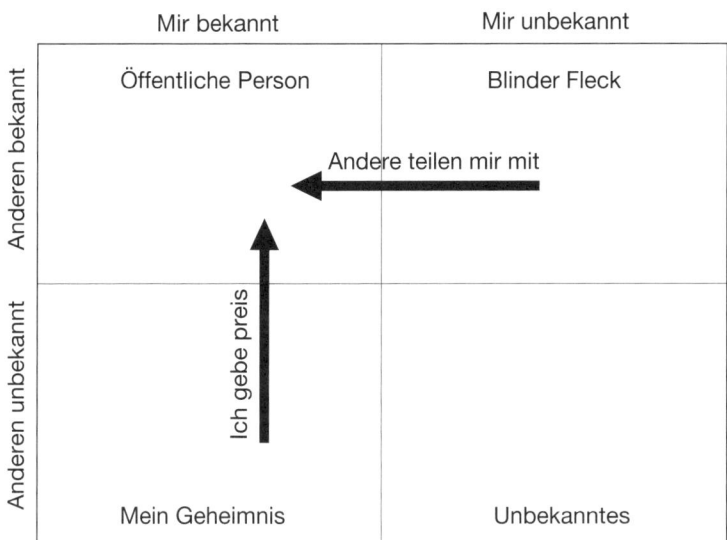

Abbildung 6: Johari-Fenster

peinlich oder ich fürchte Ausgrenzung. Und zuweilen denke ich, Dinge seien völlig offensichtlich und es gäbe keinen Grund, sie anzubringen.

Damit liegen wir oft falsch. In einem Experiment sollten Menschen in einer Verhandlung eine von vier vorgegebenen Strategien verfolgen. Anschließend wurde ihr Gegenüber gefragt, welches Ziel sie wohl verfolgt hätten. Während 60 Prozent der Verhandelnden überzeugt waren, sie seien komplett transparent gewesen, konnten nur 26 Prozent der Befragten sie korrekt »lesen«.[112] Dieses Phänomen ist weit verbreitet. Selbst Menschen, die während der College-Zeit zusammenwohnten, brauchten neun Monate, bis die eigene Wahrnehmung mit der von Mitbewohnerinnen und Mitbewohnern in Einklang kam.[113] Da wir mit den wenigsten Menschen so viel Zeit verbringen, lohnt es sich, Informationen über sich selbst zu teilen. Menschen, die leichter einzuschätzen sind, sind glücklicher, sie sind mit Privatleben und Beruf zufriedener und haben längere und positivere Beziehungen.[114]

Kommen wir zum nächsten Quadranten: dem »blinden Fleck«. Das sind Dinge, die andere wahrnehmen und deren ich mir selbst nicht bewusst bin. Meinen blinden Fleck kann ich verkleinern, indem ich Menschen um Rückmeldungen bitte. Je unterschiedlicher diese Menschen sind, desto mehr lerne ich. Denn Mitglieder der Out-Group werden Aspekte sehen, die auch Menschen in meinem inneren Zirkel – meiner In-Group – nicht wahrnehmen. Schließlich prägen gemeinsame Werte, Erfahrungen und Ansichten unsere Perspektive und sorgen dafür, dass wir Informationen tendenziell ähnlich interpretieren. Wenn ich unterschiedliche Menschen befrage, erkenne ich auch Dinge, die zum »Unbekannten« gehören, zu mir unbewussten Vorbehalten und Vorurteilen, zu Stereotypen und Einstellungen, die mein Verhalten prägen, ohne dass ich mir dessen bewusst bin.

Gerade weil sich Perspektiven unterscheiden, ist es auf der anderen Seite wichtig, bei größeren persönlichen Unterschieden auch mehr Informationen über mich selbst zu teilen. Denn was ich für »normal« und »selbstverständlich« halte, ist für andere eventuell ganz und gar nicht nachvollziehbar. Ich muss erklären, warum ich agiere oder entscheide, wie ich es tue. Das hilft anderen dabei, meine Handlungen besser zu verstehen. Oder es gibt ihnen die Gelegenheit, mich auf Denkfehler hinzuweisen.

Einige Regeln für wertschätzende Rückmeldungen und »Lerngespräche« habe ich in Kapitel 6 vorgestellt. Mehr zum Thema finden Sie in Kapitel 9.

»Blindes« Vorspielen klappt nicht nur im Orchester

Wo persönliche Vorlieben in der Vorauswahl außen vor bleiben und klare Anforderungen definiert sind, erscheinen andere Menschen zum Gespräch. Bei einem Technologiekonzern kamen in einem anonymen Auswahlverfahren nicht nur viel mehr Menschen zum Zug, die zu Minderheiten im Unternehmen zählten. Wenn im Einstellungsprozess Aufgaben zu lösen waren, die alltägliche Herausforderungen im Job reflektieren, wurden plötzlich noch ganz andere Profile sichtbar. 40 Prozent derer, die es in die zweite Runde schafften, hatten einen Ausbildungs- und Berufsweg, der sie bei einem »regulären« Verfahren ausgeschlossen hätte.[115]

Wer hofft, dass künstliche Intelligenz Auswahlverfahren kurzfristig revolutioniert und weitere Interventionen unnötig macht, der irrt vermutlich. Amazon hat Ende 2018 sein mit großen Ambitionen gestartetes KI-Matching zu Grabe getragen. Das Problem: Das System favorisierte Männer für technische Jobs, weil erfolgversprechende Profile auf Basis der Erfahrungen der letzten zehn Jahre ermittelt wurden. In den chronisch männerlastigen IT-Berufen wurde »weiblich« damit zum Malus. Aber nicht nur das Geschlecht kreierte eine Barriere. Auch welche Erfolge in »alten« Profilen hervorgehoben und wie sie beschrieben wurden, beeinflusste die Suchkriterien für vielversprechende Bewerbungen und schloss Menschen aus, die ihre Leistungen anders darstellten.[116]

Aber die Bemühungen, KI für Einstellungen zu nutzen, halten an. Firmen wie HireVue arbeiten an Lösungen, um in Videointerviews Sprache und Gesichtsausdruck zu analysieren. Dabei werden allerdings nicht nur bekannte Probleme mit Gesichtserkennung zur Herausforderung – wie der Umstand, dass schwarze Gesichter bisher deutlich schlechter erkannt werden als weiße. Auch Präferenzen bei vergangenen Einstellungen ebenso wie kulturelle Unterschiede der Interviewten und die damit verbundenen Manierismen können die Ergebnisse verfälschen.[117]

LinkedIn nutzt ebenfalls Algorithmen als Basis für neue Dienste. So können Unternehmen Bewerbungen mit ihren Stellenausschreibungen abgleichen. Einstellungen allein auf dieser Grundlage vorzunehmen ist jedoch nicht zu empfehlen, das gäbe die Technologie bisher nicht her.

Während man sich bei neuen Lösungen intensiv mit systemimmanenten Vorurteilen beschäftigt und damit, wie die existierende Datenbasis die Empfehlungen beeinflusst, das altbekannte »rubish in – rubish out«, stört das bei etablierten Verfahren erstaunlicherweise offensichtlich niemanden. Viele psychometrische Testverfahren zementieren traditionelles Führungsverhalten, indem sie die Antworten und Präferenzen aktueller Bewerbender mit Profilen vergleichen, die in der Vergangenheit erfolgreich waren. Die besten Chancen haben dann diejenigen, die heute so agieren, wie es gestern funktioniert hat.

Unstrukturierte Interviews sind beliebt und ungerecht

Eine unfaire Vorauswahl ist nicht die einzige Barriere für Bewerbende, die unserer Idealvorstellung nicht entsprechen. Denn wer uns sympathisch ist, hat auch im Gespräch die besseren Chancen.

Während wir Menschen, denen wir kritisch gegenüberstehen, mit Mikro-Aggressionen potenziell aus dem Takt bringen, mit einer abweisenden Körperhaltung, weil wir sie unterbrechen oder irritiert schauen, können sich andere unserer begeisterten Aufmerksamkeit sicher sein. Wir freuen uns, wenn sie gute Argumente bringen, und fragen nach, wenn uns etwas nicht schlüssig erscheint. Wir zeigen uns interessiert und zugewandt und feuern sie praktisch an, ihr Bestes zu geben.

Ein solches Verhalten wird als »→ Mikro-Bestätigung« bezeichnet und unterstützt unser Gegenüber in kritischen Phasen. Wir nicken freundlich beim Zuhören, stimmen zu oder haken nach. Zudem bieten wir eigene Erfahrungen an, um die Verbindung zu stärken, oder bekräftigen unsere Unterstützung, indem wir anerkennen, dass die Situation stressig und die Frage unklar oder schwierig ist.[118]

Was eigentlich ein Zeichen für ein gutes Führungsverhalten darstellt, wird plötzlich zum unfairen Vorteil im Gespräch. Das gilt besonders, da uns unser Verhalten vermutlich nicht einmal bewusst wird. Wir erinnern uns nicht, dass wir den einen sagten, sie sollen einfach mal durchatmen, und bei anderen hartnäckig nachbohrten. Dass wir freundlich genickt oder irritiert den Kopf geschüttelt haben. Alles, was bleibt, ist der Eindruck eines interessanten und engagierten Gesprächs oder von einem, das sich eher zog wie Kaugummi.

Unstrukturierte Interviews verpassen einer fairen Personalauswahl endgültig den Todesstoß. Leider sind sie im Einstellungsprozess allgegenwärtig, obwohl sie wenig über die Qualifikation aussagen. Ihr Problem: All die zusätzlichen Eindrücke lenken uns von relevanten, qualifizier- und quantifizierbaren Informationen ab und verwässern unsere Entscheidungsgrundlage.[119] Statt auf der Basis rationaler Kriterien zu entscheiden, schaffen sie optimale Voraussetzungen, um den eigenen Präferenzen völlig ungebremst nachzugeben. Im Endeffekt ist es dann oft tatsächlich die »Chemie« die entscheidet und höher bewertet wird als Fähigkeiten, die für den Job relevant sind.[120]

Inzwischen gibt es daher Unternehmen, die im Interviewprozess komplett auf Lebensläufe verzichten. Sie wollen sich voll darauf konzentrieren, wie gut Menschen die an sie gestellten Anforderungen bewältigen, und möchten dabei jede Ablenkung durch irrelevante Informationen verhindern.

Wir sind nicht objektiv

Eine ganze Reihe von → *Wahrnehmungsverzerrungen* (*Biases*) sind der Grund, warum wir uns in die Irre führen lassen. Sie erinnern sich an Sophie und Mandy vom Anfang des Kapitels? Als Sophie zur Schule kam, wurde sie von beiden Eltern begleitet – nette Leute, die Mutter Lehrerin und der Vater Chemiker. Sophie war freundlich und brav, sie hat gleich einen guten Eindruck hinterlassen. Diese erste Einschätzung beeinflusst langfristig unsere Wahrnehmung und überstrahlt Erfahrungen, die eventuell nicht mit dem zunächst gewonnenen Bild vereinbar sind.

Im nächsten Schritt schlägt dann der Bestätigungsfehler (*confirmation bias*) zu. Wir nehmen eher Informationen wahr und geben ihnen mehr Gewicht, wenn sie unserer bisherigen Wahrnehmung entsprechen. Widersprüchliche Hinweise nehmen wir erst gar nicht zur Kenntnis oder wir interpretieren Fakten, bis sie in unser vorgefasstes Bild passen (→ *Sensemaking*). Wenn Sophie Mandy eine Ohrfeige gibt, ist das selbstverständlich falsch, aber sicherlich hat Mandy sie gereizt, bis sich das arme Kind schlicht nicht mehr anders zu helfen wusste. Mandy hat ja schon immer gestichelt und hatte Sophie ganz besonders auf dem Kieker.

Grundsätzlich schätzen Menschen ihre Fähigkeit, rational zu entscheiden, viel zu hoch ein. Um verschiedenen Menschen faire Chancen zu geben, sind daher Verfahren erforderlich, die unserem Bauchgefühl weniger Raum geben.

Eindrücklich bewiesen hat das eine Untersuchung an der Texas Medical School. Sie erhielt kurzfristig die Vorgabe, die Klassengrößen um 50 zu erhöhen. Die Entscheidung fiel spät, der Zulassungsprozess war eigentlich längst abgeschlossen und alle Bewerbenden mit interessanten Lebensläufen hatten inzwischen einen Studienplatz. Da blieb kein anderer Weg, als aus dem Pool der abgelehnten Bewerbungen die nächsten 50 aufzunehmen, obwohl sie im ursprünglichen Verfahren nicht hatten überzeugen können. Ihrer Qualität tat das keinen Abbruch. Weder im Studium noch beim Abschluss gab es Unterschiede bei den Leistungen zwischen den zunächst und nachträglich Zugelassenen. Warum? Anhand der Analyse der ursprünglichen Testergebnisse zeigte sich, dass es nicht objektive Kriterien waren, die zunächst zum Ausschluss der Nachrückenden geführt hatten. Stattdessen hatten sie in unstrukturierten Vorstellungsgesprächen schlechter abgeschnitten und waren an subjektiven Einschätzungen gescheitert.[121]

Faire Chancen für alle

Um verschiedene Menschen objektiv zu beurteilen, ist Struktur erforderlich – je mehr, desto besser. Grundsätzlich ist es dafür zunächst entscheidend, sich über die wichtigsten Anforderungen einer Position klar zu werden. Worum geht es in dem Job, was muss jemand mitbringen, um erfolgreich zu sein? Wie lassen sich diese Fähigkeiten und Erfahrungen am besten erheben? Welche Möglichkeiten gibt es, die tagtägliche Arbeit möglichst gut im Auswahlprozess abzubilden? Wie könnten Arbeitsproben aussehen, welche Aufgaben lassen sich stellen, um die Prognosequalität zu erhöhen?

Wem »Cultural fit« wichtig ist, sollte vorab klar definieren, was damit gemeint ist. Denn die gemeinsame Vorliebe für einen Fußballverein oder japanisches Teegeschirr mag für spannenden Gesprächsstoff sorgen. Darüber, ob jemand im Job erfolgreich sein wird, sagt es allerdings wenig aus. Die Voraussetzung, um »Cultural fit« zu messen, ist eine klare Vorstellung davon, was die Unternehmenskultur eigentlich ausmacht. Was ist wichtig und warum? Wie tragen bestimmte Eigenschaften oder Verhaltensweisen zum Unternehmenserfolg bei? Und wie lassen sie sich realistisch erheben?[122] Wie andere Anforderungen auch gilt es, diese strukturiert zu erfassen.

Ein einheitlicher Fragenkatalog stellt sicher, dass grundsätzlich die gleichen Informationen erhoben werden. Wenn bestimmte Aspekte wichtiger sind als andere, sollten im Vorfeld Punkte vergeben werden, welche die relative Bedeutung reflektieren. Selbst wenn es den Gesprächsfluss stört, ist es wichtig, die Fragen im Interview dann in der gleichen Reihenfolge zu stellen, um einen fairen Vergleich zu ermöglichen. Zudem sollten die einzelnen Antworten sofort bewertet werden. Damit wird der → *Halo-Effekt* vermindert. Dieser bewirkt, dass einzelne brillante Aussagen ein zu hohes Gewicht erhalten und Defizite überdecken.

Wenn es ans Vergleichen geht, sollte die Beurteilung Frage für Frage erfolgen, statt auf Basis des Gesamtbilds vom Gespräch. Auch das erhöht die Objektivität und verhindert, dass man von der eigenen Begeisterung davongetragen wird. Gleichzeitig ist man weniger anfällig dafür, dass Stereotype das Urteil beeinflussen, wenn verschiedene Menschen parallel beurteilt werden.[123]

Auch wenn ein Panel an der Auswahl beteiligt ist, sollten Interviews grundsätzlich 1:1 stattfinden. Das verhindert, dass Gruppendenken den Verlauf des Gesprächs oder die Bewertung beeinflusst. Vor der Abstimmung sollten dann alle »Einzelnoten« konsolidiert werden. Auch das stellt sicher, dass keine wichtigen Informationen aufgrund der Gruppendynamik verloren gehen.

Tipps für ein faires Auswahlverfahren und das Hinterfragen unbewusster Vorurteile

Holen Sie sich Feedback. Bitten Sie andere Menschen, Ihnen zu helfen, Ihren blinden Fleck zu verkleinern. Verlassen Sie sich dabei nicht ausschließlich auf Ihre In-Group, die eventuell sogar die gleichen Lücken im Sichtfeld hat. Wenden Sie sich gezielt an Menschen, die die Dinge ganz anders sehen.

Vermeiden Sie unstrukturierte Interviews. Überlegen Sie kritisch, welche Anforderungen tatsächlich relevant sind, wie sie sich zeigen und testen lassen. Stellen Sie sicher, dass nicht schon in der Vor-

auswahl interessante Profile ausgesiebt werden. Führen Sie strukturierte Interviews und vermeiden Sie, dass Gruppendenken die Auswahl beeinflusst.

Tauschen Sie mental die Handelnden aus. Fragen Sie sich, ob Sie
anders auf eine Aussage oder eine Frage reagieren würden, wenn
sie von jemand anders käme. Von jemandem, der jünger oder älter
ist. Mit einem anderen Geschlecht, einer anderen Religion, Ethnie
oder Nationalität. Überlegen Sie, was Ihr Urteil beeinflusst und ob
es eventuell eine völlig andere Erklärung gibt.

Überprüfen Sie Ihren inneren Film. Beobachten Sie Ihre Reaktion
auf die nächsten drei Menschen, die Sie treffen. Was geht Ihnen zuerst durch den Kopf? Erfinden Sie auf dieser Grundlage eine kurze
Geschichte über sie. Welchen Beruf haben sie? Welche Interessen?
Welches sind ihre Hobbys? Wohin sind sie unterwegs? Beobachten
Sie, welchen Einfluss Alter, Geschlecht, Hautfarbe, Kleidung und andere sichtbare Merkmale auf Ihre Geschichte haben. Machen Sie die
Person zur Hauptfigur einer ganz anderen Geschichte, um Stereotype und Vorurteile abzubauen.

Kapitel 8

Das kauft dem doch keiner ab

Warum ganz oft nicht die Qualifikation über den Aufstieg entscheidet

»Drei Kandidaten für die Position, das wird bestimmt eine spannende Diskussion.« Manfred sieht seinen Personalleiter aufmunternd an. »Willst du sie kurz vorstellen?«

»Gern. Ihr kennt natürlich alle Peter«, die Kollegen lachen zustimmend. »Direkt nach dem Studium bei uns eingestiegen. Hat unser Führungscurriculum durchlaufen und immer gute Ergebnisse gezeigt. Seit drei Jahren ist er in der aktuellen Funktion, also wird es langsam Zeit für einen Wechsel.«

»Glaubst du wirklich, er ist schon so weit? In letzter Zeit ist er zuweilen mit halbgaren Ideen um die Ecke gekommen.«

»Er ist mit Herzblut bei der Sache. Da kann es schon mal passieren, dass er über das Ziel herausschießt. Aber die Funktion ist doch nichts für Bürokraten.«

»An wen hattet ihr denn noch gedacht?«

»Julia liefert regelmäßig Top-Ergebnisse ab. Ihre Erfahrungen passen ausgezeichnet und der Job böte die Möglichkeit, ihre Kompetenzen zu erweitern und sie auf eine größere Funktion vorzubereiten.«

»Ist ihr Jüngster nicht noch ganz klein? Höchstens zwei Jahre?«

»Und bei dem Job ist man viel unterwegs.«

»Ich denke auch, das sollte man weder Mutter noch Kind zumuten.«

»Ich glaube, sie hat das ganz gut organisiert. Ich meine sogar, ihr Mann arbeitet nur Teilzeit.«

»Ja, aber ganz egal. Wir haben doch eine Verantwortung. Ich denke auch, Julia hat viel Potenzial. Aber das müssen wir ihr jetzt nicht zumuten.«

»Wer ist denn der dritte?«

»Sven. Für mich hat der das stärkste Profil.«

»Sven!? Der ist doch ein Hemd. Keine 1,70. Schmal. Brille. Wie soll der denn durchgreifen, wenn es mal hart auf hart kommt?«

»Und stellt ihn euch mal extern vor. Den nimmt doch keiner ernst. Das kauft dem doch keiner ab!«

Schon im letzten Kapitel habe ich eine wirklich frustrierende Sammlung an Aspekten gezeigt, welche die Chancen und den Aufstieg von Menschen behindern können. In diesem Kapitel möchte ich die Liste nur unwesentlich erweitern und vor allem darauf eingehen, wie es sich auf die Betroffenen auswirkt, wenn sie sich benachteiligt fühlen – und warum wir oft so schrecklich schlechte Entscheidungen treffen.

Groß und schlank statt »dick und dumm«?

Julia wird uns im Teil 5 – »Frauen und Männer« – wieder begegnen. Hier starten wir mit Sven, der den Job vermutlich auch nicht bekommt. Immerhin gibt es gleich zwei wichtige Aspekte, die gegen seine Eignung sprechen: Er ist klein und schmal. Das ist mit einer »richtigen« Führungskraft kaum vereinbar. Studie um Studie zeigt: Größere Menschen sind beruflich erfolgreicher.[124] Besonders Männer, solange sie weiß sind. Die Attribute, die ihnen in die Hände spielen – große Statur, männliche Gesichtszüge, entschlossener Auftritt – wirken sich bei ihren schwarzen Kollegen eher negativ aus, weil sie das Stereotyp des »wütenden schwarzen Mannes« aktivieren.

Aber für weiße Männer zahlt sich Körpergröße aus, ganz wortwörtlich: Wer länger gewachsen ist, verdient bei gleicher Erfahrung und Qualifikation mehr. Bei 2 Inch – gut 5 Zentimeter – jährlich im

Schnitt fast 1600 Pfund.[125] Auch ein paar Kilo extra können sich für Männer lohnen[126] – ihre Meinung hat dann einfach »mehr Gewicht«. Wer dünner ist, bringt im Schnitt etwa 8500 US-Dollar weniger nach Hause als die Kollegen. Dick sollten Männer allerdings auch nicht sein. Wenn der Eindruck entsteht, jemandem fehle Selbstdisziplin, sinkt das Vertrauen[127] in diese Person und sie wird als weniger qualifiziert wahrgenommen.

Für Frauen ist die Latte für »Disziplin« übrigens deutlich höher gelegt: Etwa 14 000 US-Dollar weniger verdient, wer rund 11 Kilogramm (22 Pfund) mehr auf die Waage bringt als die normalgewichtige Kollegin. Noch dünner ist aber noch besser: Frauen, die 22 Pfund weniger wiegen als der Durchschnitt, haben ein über 15 500 US-Dollar höheres Jahresgehalt.

Warum sind wir bloß so gemein?

Das ist nicht gerecht, genauso wenig wie die vielen anderen Gründe, aus denen wir Menschen ungleich behandeln. Wer wissen möchte, warum wir es trotzdem tun, obwohl wir echt in Ordnung sind und noch dazu ziemlich schlau, muss verstehen, wie wir denken. Denn der kluge Kopf ist tatsächlich das Problem.

Schon im Ruhezustand ist das Gehirn ein echter Energiefresser: Rund 20 Prozent des Gesamtumsatzes investiert der Körper in seinen Betrieb.[128] Vom konzentrierten Denken ganz zu schweigen. Wer mit einer herausfordernden Denkaufgabe ringt, hat währenddessen nur noch etwa halb so viel Körperkraft zu Verfügung.[129] Damit uns die Kraft nicht fehlt, wenn wir Tiere jagen, Kartoffeln ernten oder was auch immer tun, um am Leben zu bleiben, hat unser Gehirn eine Reihe brillanter und wirklich effizienter Verfahren entwickelt.

Die Sozialpsychologinnen Susan Fiske und Shelley Taylor haben dafür den Begriff *cognitive miser* geprägt, kognitive Geizkragen. Wir denken nur genauso viel, wie wir unbedingt müssen. Wo immer es geht, retten wir uns mit unseren Erfahrungen, mit → *Heuristiken* – Faustregeln – und Annahmen. Meistens ist das eine wirklich gute Idee.

Stellen Sie sich vor, Sie müssten sich jedes Mal auf dem Weg ins Büro völlig neu orientieren. Sie wüssten bei Terminen nicht, wohin Sie sich setzen sollen, weil vier Beine und eine Lehne als Indiz nicht reichen. Sie wären nicht in der Lage, Dinge des täglichen Lebens zu erkennen, weil Sie sie nicht einordnen können.

Nur weil wir Dinge kategorisieren und die allermeisten Informationen schlicht ignorieren, kommen wir im Alltag überhaupt zurecht. Immerhin prasseln pro Sekunde mehr als 11 Million Sinneseindrücke auf uns ein, während wir nur 40 bewusst verarbeiten können.[130] Unsere Wahrnehmung steht auf Autopilot und nimmt kaum zur Kenntnis, was um uns herum passiert. Heuristiken funktionieren dabei wie ein Spam-Filter. Automatisch filtern sie die Vielzahl von unterschiedlichen Sinneseindrücken und lassen nur die Informationen durch, die als relevant wahrgenommen werden.[131]

Von »System 1«, vom schnellen Denken, spricht Nobelpreisträger Daniel Kahneman.[132] Das funktioniert rasant und intuitiv. Genau wie beim E-Mail-Spamfilter geraten allerdings zuweilen Informationen in den »Papierkorb«, die da nicht hingehören. Um das zu verhindern, muss System 2 zum Zug kommen, das langsame Denken.

Der Unterschied zwischen beiden Systemen lässt sich mit dem Stroop-Test gut erleben.[133] Sagen Sie dazu bitte laut, in welchen Farben die einzelnen Wörter in Abbildung 7 dargestellt sind. Vielleicht wollen Sie sogar stoppen, wie lange das dauert.

Schwarz	Grau	Weiß	Weiß
Grau	Grau	Schwarz	Schwarz
Weiß	Grau	Schwarz	Weiß
Grau	Schwarz	Weiß	Weiß
Schwarz	Weiß	Grau	Weiß

Abbildung 7: Stroop-Test

Und jetzt noch mal genau das Gleiche mit Abbildung 8.

Schwarz	Grau	Weiß	Weiß
Grau	Grau	Schwarz	Schwarz
Weiß	Grau	Schwarz	Weiß
Grau	Schwarz	Weiß	Weiß
Schwarz	Weiß	Grau	Weiß

Abbildung 8: Stroop-Test

Merken Sie den Unterschied? Die erste Liste schaffen wir mit System 1 im Schlaf. Schattierung und Semantik stimmen überein. Eine wirklich simple Übung. Die zweite Liste fühlt sich anders an. Unser Verstand ist mit widersprüchlichen Informationen konfrontiert. Um diesen Konflikt aufzulösen, ist System 2 erforderlich.

Es ist konzentriert, reflektiert und wägt Alternativen ab. Das strengt an. Deshalb nutzen wir es selten. Obwohl die meisten von uns überzeugt sind, überlegte, rationale Entscheidungen zu treffen, finden rund 90 Prozent unserer Denkprozesse schnell und intuitiv statt, ohne System 2 einzuschalten.

Eine unserer erfolgreichsten Faustregeln ist die Kategorisierung. Wir haben etwas schon mal gesehen, etwas anderes sieht so ähnlich aus. Dann werden die Sachen wohl übereinstimmen. Aus Sicht der Evolution ist das eine tolle Idee. Wenn schon ein Kumpel von einem Säbelzahntiger gefressen wurde, frage ich besser nicht lange nach, wenn eine große Katze schnell auf mich zuläuft.

Was damals das Überleben sicherte, beeinflusst auch heute noch unsere Reaktionen. Apfel ist Apfel, Birne ist Birne. Haben wir eine gegessen, bestimmt das unsere Erwartungen für zukünftige – und ob wir überhaupt noch welche anfassen. Ich habe als Kind rote Beete probiert. Die fand ich echt fies. 40 Jahre war ich überzeugt, keine zu mögen. Dann gab es bei einem Freund Rote-Beete-Risotto. Er hatte gekocht. Unmöglich konnte ich sagen, dass ich das nicht mag. Das Risotto war sensationell. Seitdem esse ich rote Beete. Noch immer mit einer gewissen Skepsis, aber es ist eine echte Bereicherung meines Speiseplans.

In System 1 nutzen wir nicht nur ganz intensiv Schubladen. Wir machen sie tendenziell auch immer kleiner. Egal was wir mit Menschen erleben, es wird als typisch für sie wahrgenommen. Wer sich einmal verspätet, ist jemand, der zu spät kommt. Wer einmal aufbegehrt, ist ein Mensch, der Konflikte sucht. Dass eventuell der Fahrstuhl stecken blieb oder die Situation speziell oder unfair war, solche Details ignorieren wir.

Die eigene Wahrnehmung ist Realität

Es ist eine Sache, dass sich andere ein Bild von mir machen und dass dieses Bild ihre Entscheidungen prägt. Gleichzeitig habe ich meine ganz eigene Sicht darauf, ob es dabei fair zugeht.

Was das bewirkt, ist der Fokus einer interessanten Untersuchung des Center for Talent Innovation (CTI).[134] Die Forschenden haben Beschäftigte in den USA zu ihren Erfahrungen befragt. Ob sie aufgrund ihrer persönlichen Demografie bereits Benachteiligungen beziehungsweise Diskriminierung erlebt haben. Wegen ihres Geschlechts, ihrer Hautfarbe, einer Behinderung, aufgrund ihrer sexuellen Orientierung oder Identität, weil sie flexibel arbeiten – beispielsweise Teilzeit oder aus dem Home-Office – oder weil sie nicht »von hier« sind, also in den USA geboren.

»Zu einfach«, mögen Sie anmerken, weil man nicht unbedingt diskriminiert wurde, nur weil man das selber annimmt. Dass ich schwarz bin, hatte ja vielleicht mit der Entscheidung absolut nichts zu tun. Aber egal, ob begründet oder nicht, der Eindruck, dass eine Entscheidung unfair ist, löst etwas bei den Betroffenen aus. Und das CTI wollte verstehen, wie die Beschäftigten damit umgehen.

Sie fragten, ob Menschen aufgrund ihrer Demografie schon einmal als weniger fähig wahrgenommen wurden (*ability*), weniger ambitioniert (*ambition*), als weniger engagiert (*commitment*), weniger gut beziehungsweise relevant vernetzt (*connections*) oder ob man ihnen emotionale Intelligenz oder die Ausstrahlung einer Führungskraft (*executive presence*) abgesprochen hat.

Sich benachteiligt zu fühlen hat eine Wirkung

Insgesamt gaben 9,2 Prozent der Teilnehmenden in großen Unternehmen an, ihre Vorgesetzten hätten sie schon einmal ungerecht behandelt. Und das hatte eine Wirkung. Gegenüber Befragten, die keine Benachteiligung erlebt hatten, schnitten sie schlecht ab:

- 32 Prozent weniger hatten eine Gehaltserhöhung erhalten,
- 45 Prozent weniger ein größeres Aufgabenspektrum bekommen,
- 42 Prozent weniger eine Gelegenheit, ihre Karriere zu entwickeln, und
- 25 Prozent weniger waren befördert worden.

Wer sich benachteiligt fühlte, war eher wütend oder zynisch und nicht so stolz auf den Arbeitsplatz. Zudem investierten sie mehr Energie, um Teile ihrer Persönlichkeit zu verbergen.

Die negative Stimmung hatte auch Konsequenzen für den Arbeitgeber:

- Dreimal mehr wollten innerhalb eines Jahres kündigen.
- Mehr als doppelt so viele hatten in den letzten sechs Monaten Ideen oder Lösungen für sich behalten.
- Fünfmal mehr äußerten sich in sozialen Medien negativ über ihr Unternehmen.

Wer jetzt denkt: »Bei uns ist alles in Ordnung und nur die Leistung zählt«, liegt vermutlich falsch. Untersuchungen haben ergeben, dass Organisationen, welche die Gleichbehandlung ganz besonders hochhalten, oft am heftigsten gegen ihre Werte verstoßen. Das nennt man das → *Meritokratie-Paradox*.

Die Begeisterung für Fairness kann Menschen dazu bringen, jegliche Bemühungen als ungerecht abzutun, die einzelne Gruppen unterstützen würden. Wenn wir alle gleich behandeln, sie auf Basis ihrer Fähigkeiten und Leistung beurteilen, besteht kein Bedarf für gezielte Maßnahmen, so die Überzeugung. Leider sieht die Realität anders aus und Unternehmen stellen immer wieder fest, dass Frauen, Minderheiten oder Menschen anderer Nationalitäten härter arbeiten und bessere Leistungen zeigen müssen, um zum Beispiel finanziell mit anderen gleichzuziehen.[135]

Das Problem: Wenn Menschen überzeugt sind, sie seien besonders objektiv, hinterfragen sie die eigenen Entscheidungen nicht. Sie nehmen einfach an, sie hätten recht und ihre Einschätzung wäre korrekt.[136] So kommt es, dass die Urteile derjenigen, die sich für extrem fair halten, oft besonders vorurteilsbelastet sind. Statt also nur über Gleichheit zu sprechen, ist Transparenz wichtig, um potenzielle Ungerechtigkeiten zu erkennen und zu adressieren.

Typisches Verhalten einplanen

Um faire (Personal-)Entscheidungen zu unterstützen, hilft es, typische Verhaltensweisen zu berücksichtigen und einzuplanen. So unterscheidet sich zum Beispiel die Risikofreude von Frauen und Männern beziehungsweise zwischen Menschen unterschiedlicher Kulturen zum Teil erheblich. In den US-Uni-Zulassungstests hatte das für Teilnehmerinnen negative Konsequenzen. Weil falsche Antworten bestraft wurden, ließen sie Fragen aus, während Männer tendenziell geraten haben. In der Summe war Letzteres die bessere Idee, weil statistisch die zufällig richtigen Antworten den Fehler-Malus mehr als ausglichen. Insgesamt schnitten daher Männer besser ab. Als das System geändert wurde, sodass falsche Antworten nicht mehr bestraft wurden, glichen sich die Ergebnisse von Frauen und Männern an.[137]

Ein anderes Beispiel: Viele Vorgesetzte bitten ihr Team, vor dem Beurteilungsgespräch eine Selbsteinschätzung abzugeben. Auch dabei hat die persönliche Demografie gewaltige Auswirkungen auf das eigene Urteil: Welche Erwartungen ich an mich selber stelle, wie meine Referenz lautet. Wie selbstbewusst ich bin beziehungsweise ob ich sogar zu Selbstüberschätzung neige. Ob es in meiner Kultur okay ist, sich auf die Schulter zu klopfen oder völlig verpönt. Es ist wenig überraschend, dass unterschiedliche Menschen bei einem vergleichbaren Ergebnis sehr unterschiedliche Einschätzungen abgeben.

»Kein Problem«, mögen Sie denken. »Das ziehe ich schon in Erwägung.« Aber das ist leider nicht so einfach. Der → *Ankereffekt* sorgt dafür, dass die Selbsteinschätzung unser Urteil beeinflusst. Bei denjenigen, die sich selber besser beurteilen, als wir das eigentlich täten, fragen wir uns, ob wir vielleicht zu streng gewesen sind. Beschäftigte, die sich dagegen selbst ein kritischeres Zeugnis ausstellen, haben wir dann doch vielleicht überschätzt. Deshalb ist es besser, im Vorfeld auf eine solche Einschätzung zu verzichten.

Auch die Messskala kann einen Einfluss darauf haben, wie unterschiedliche Menschen beurteilt werden. Eine kürzere sorgt für ein faireres Urteil. In einem Experiment wurden Studierende gebeten, Transkripte von Vorlesungen auf einer 10er-Skala zu bewerten. Das Geschlecht der Lehrenden wurde dabei den unterschiedlichen Skripten zufällig »zugeteilt«.

Eine 10 stand in der Wahrnehmung der Beurteilenden für eine exorbitant gute Leistung, für echte Brillanz, und die war männlich besetzt. Während tolle Vorlesungen vom angeblichen »John« mit einer 10 belohnt wurden, erntete »Julie« eher eine 8 oder 9. Bei einer 6er-Skala verschwand der Gender-Bias. Für eine Sechs war nur eine sehr gute Leistung erforderlich. Während »John« also tendenziell noch immer positiver bewertet wurde, waren auch »Julies« Leistungen ausreichend, um eine Sechs zu rechtfertigen.[138] Damit ist es ein typisches Beispiel, wie das richtige → *Framing* – der Rahmen, den wir Informationen geben, die Art, wie wir sie darstellen und einordnen – ein faires Umfeld unterstützen kann.

Typische mentale Abkürzungen systematisch adressieren

Am allerwichtigsten ist allerdings, sich nicht auf Instinkte zu verlassen. Wir müssen unser Bauchgefühl hinterfragen und überprüfen, ob Stereotype, Präferenzen oder (unbewusste) Vorurteile – (*unconscious*) Biases – uns beeinflussen. Mehr als 200 können dabei in den unterschiedlichsten Situationen zum Tragen kommen und unser Urteil trüben. Das macht es völlig unmöglich, sie alle vor Augen zu haben. Wirklich hilfreich ist deshalb das »Cognitive Bias Cheat Sheet«, die »Schummelübersicht für Wahrnehmungsverzerrungen« von Buster Benson (siehe Abbildung 9).[139]

COGNITIVE BIAS CHEAT SHEET
BECAUSE THINKING IS HARD

1 TOO MUCH INFO

SO ONLY NOTICE...
- CHANGES
- BIZARRENESS
- REPETITION
- CONFIRMATION

2 NOT ENOUGH MEANING

SO FILL IN GAPS WITH...
- PATTERNS
- GENERALITIES
- BENEFIT OF DOUBT
- EASIER PROBLEMS
- OUR CURRENT MINDSET

3 NOT ENOUGH TIME

SO ASSUME...
- WE'RE RIGHT
- WE CAN DO THIS
- NEAREST THING IS BEST
- FINISH WHAT'S STARTED
- KEEP OPTIONS OPEN
- EASIER IS BETTER

4 NOT ENOUGH MEMORY

SO SAVE SPACE BY...
- EDITING MEMORIES DOWN
- GENERALIZING
- KEEPING AN EXAMPLE
- USING EXTERNAL MEMORY

Abbildung 9: Wahrnehmungsverzerrungen im Überblick

Diese Übersicht führt die vielen, vielen Gründe, die zu ungerechten Entscheidungen führen, auf vier Ursachen zurück. Sich diese bewusst zu machen hilft, Einschätzungen zu hinterfragen und bessere Entscheidungen zu treffen.

Wir haben zu viele Informationen

Uns fallen nur noch Dinge auf, die anders sind, bizarr, sich wiederholen oder die bestätigen, wovon wir ohnehin überzeugt sind.

Statt sich von der Informationsflut überwältigen zu lassen, überlegen Sie, welche Informationen tatsächlich relevant sind. Was ist besonders wichtig für einen Job oder ein Projekt? Was qualifiziert jemanden oder was könnte dazu führen, dass Beteiligte von einer Aufgabe profitieren? Dann konzentrieren Sie sich auf das, was wirklich eine Rolle spielt.

Was wir wissen, ergibt wenig Sinn

Wenn Informationen fehlen, füllen wir die Lücken selbst. Wir generalisieren und verlassen uns auf Stereotype und die eigene Interpretation.

Überprüfen Sie vor wichtigen Entscheidungen stattdessen, was Sie wissen beziehungsweise nur glauben. Haben Sie tatsächlich die richtigen Informationen, um ein gutes Ergebnis zu erzielen? Was fehlt eventuell und wie können Sie an diese Daten kommen?

Wir haben zu wenig Zeit

Es ist kurz vor Feierabend. Heute müssen wir wirklich rechtzeitig gehen. Nur noch schnell das Projekt fertig machen und dann nichts wie los.

Wenn wir gestresst oder müde sind, schafft das fast optimale Bedingungen, damit Stereotype und Annahmen unsere Entscheidungen leiten. Wichtige Entscheidungen sollte man daher lieber auf den nächsten Tag vertagen und mit frischem Kopf angehen. Auch der eigene Biorhythmus beeinflusst die Entscheidungsqualität. Ob Sie lieber früh aufstehen oder eine Nachteule sind – berücksichtigen Sie persönliche Präferenzen und machen Sie Pausen. Denken ist harte Arbeit. Ihr Kopf verdient regelmäßige Unterbrechungen.

Manchmal ist ein Feedback-Gespräch schwieriger als erwartet und plötzlich fallen einem relevante Beispiele nicht mehr ein. Oder die Diskussion geht in einem Meeting so wild durcheinander, dass schließlich niemand mehr weiß, worauf es eigentlich ankommt.

In solchen Fällen helfen Notizen oder auch Flipcharts an der Wand. Wer seinem Kopf hilft, sich zu konzentrieren, übersieht seltener das Wesentliche. Vielleicht haben Sie es auch beim Spazierengehen schon bemerkt: Wer sich wirklich konzentrieren muss, um zum Beispiel ein Argument auszuführen, bleibt häufig stehen. Das ist ein typischer Versuch, »zu haushalten« – es bleibt mehr Energie zum Denken.

Berücksichtigen Sie, »was bisher geschah«

In einzelnen Situationen zu berücksichtigen, wo der Kopf gerne Abkürzungen nimmt, und Wege zu finden, damit das dem Ergebnis nicht schadet, ist das eine. Als Führungskraft ist es manchmal wichtig, zu reflektieren, »was bisher geschah« – ganz wie in der Zusammenfassung der Lieblingsserie. Denn den meisten Situationen sind andere vorausgegangen, die unser Bild beeinflusst haben. So gehen beispielsweise der Entscheidung über eine neue, größere Aufgabe, eine Gehaltserhöhung oder eine Beförderung zahllose andere voraus, die die Weichen stellen. Viele davon haben wir in den letzten Kapiteln bereits angesprochen. Wer übernimmt welche Aufgaben? Wer wird gefragt? Wer wird gehört?

Um ein Gefühl dafür zu bekommen, ob man allen im Team gerecht wird, lohnt es sich, eine weitere Analyse vorzunehmen und in der »Kompetenz-Vertrauen-Matrix« die Mitglieder einmal abzubilden (siehe Abbildung 10).

Wen halten Sie für besonders kompetent? Wer macht immer einen tollen Job? Wer übernimmt knifflige und kritische Aufgaben und liefert zuverlässig ab? Wer genießt Ihr Vertrauen? Auf wen setzen Sie, wenn es hart auf hart kommt? Wen beziehen Sie vielleicht früher als andere oder öfter in strategische oder vertrauliche Projekte ein?

Abbildung 10: Die Kompetenz-Vertrauen-Matrix bietet eine neue Perspektive aufs eigene Team

Wenn man sein Team so sortiert vor Augen hat, geht es daran, die Platzierungen zu verstehen. Wer steht wo? Warum? Welches sind die Aspekte, die meine Wahrnehmung beeinflussen? Welche Belege führe ich dafür an, dass jemand besonders oder weniger kompetent ist? Auf welcher Basis treffe ich mein Urteil? Warum halte ich manche für vertrauenswürdiger als andere? Haben mich diejenigen, denen ich weniger vertraue, schon einmal enttäuscht? Oder liegen mir die anderen einfach mehr?

Wie wirkt sich die Platzierung aus? Wie beeinflusst sie mein Verhalten? Wer erfährt mehr, wer weniger Wertschätzung? Wer hat bessere oder schlechtere Chancen, zu glänzen? Wer bekommt Sichtbarkeit auch jenseits meiner Abteilung und baut wichtige Kontakte auf?

Wie wir immer wieder gesehen haben, gibt es viele Aspekte, welche die Sicht auf die Kompetenz einer Person beeinflussen, die mit den tatsächlichen Fähigkeiten rein gar nichts zu tun haben. Ebenso wird das Vertrauen, das wir in eine Person setzen, nur zu einem geringen Teil von ihrer Verlässlichkeit bestimmt. Viel wichtiger sind eine gemeinsame Demografie, Werte oder Erfahrungen.

Diejenigen, die ehrlich an diese Analyse herangehen, werden daher vermutlich feststellen, dass sie nicht allen Mitgliedern ihres Teams gerecht werden und dass sie nicht alle gleichermaßen fair behandeln. Je genauer ich mir im Klaren bin, was abläuft, wie sich das auf mich auswirkt und welche Konsequenzen es für die Betroffenen hat, desto leichter kann ich anschließend einen konkreten Aktionsplan schmieden mit den Maßnahmen, die ich ergreifen werde, um die Ungerechtigkeiten auszugleichen.

Tipps, um unterschiedlichen Menschen gerecht zu werden

Machen Sie sich Ihre eigenen Stereotype bewusst. Was denken Sie, welche Eigenschaften »Frauen«, »alte Menschen« oder »Flüchtlinge« haben oder Angehörige anderer Kategorien? Worauf beruht dieses Urteil? Wie würden Sie sich fühlen, wenn jemand auf der gleichen Basis Rückschlüsse auf Sie und auf Ihr Verhalten ziehen würde?

Finden Sie Gemeinsamkeiten. Sprechen Sie darüber, was Sie gemeinsam haben, statt sich darauf zu konzentrieren, was Sie unterscheidet. Gemeinsamkeiten zu entdecken schafft nicht nur eine vertrautere Atmosphäre und Sicherheit. Es ist ein Trigger (*Prime*), den anderen Menschen als Teil der eigenen In-Group zu erkennen mit den entsprechenden Vorteilen.

Verlassen Sie sich auf eigene Erfahrungen statt auf die Urteile anderer. Wenn wir von Bekannten und Menschen, denen wir vertrauen, etwas Negatives über jemanden gehört haben, prägt das automatisch unsere Sicht. Statt unbefangen auf neue Kontakte zuzugehen, tendieren wir dazu, Dinge zu bemerken, die dieses Urteil zu bestätigen scheinen. Schuld daran ist der Bestätigungsfehler (*confirmation bias*).

Seien Sie neugierig. Fragen Sie andere, wie sie die Welt erleben. Drei Fettnäpfe sollten Sie dabei vermeiden: über andere zu urteilen, Stereotype und nach Dingen zu fragen, die Sie schlicht nichts angehen. Bitten Sie gegebenenfalls um Hilfe. Sagen Sie, dass Sie zu wenig zum Thema wissen, und erklären Sie, dass Sie ehrliches Inte-

resse haben, zu lernen, aber Angst haben, Fehler zu machen. Zeigen
Sie sich verwundbar, statt zu versuchen aufzutrumpfen.

Kapitel 9
Für Feedback gab es einfach noch keine Gelegenheit

Warum wir uns vor Feedback drücken und wie es gelingt

»Johannes lässt in letzter Zeit echt nach.« Peter runzelt die Stirn, während er irritiert auf seine Nudeln blickt. »Früher hat er regelmäßig mit ungewöhnlichen Vorschlägen überrascht, hat uns herausgefordert. In letzter Zeit ... wenig.«

»Hast du eine Ahnung, woran das liegt?«

»Ich weiß nicht. Ich glaube, er kommt mit Yasmin nicht aus. Auf sie reagiert er megakritisch. Kann sich anscheinend schwer damit arrangieren, dass auch andere gute Ideen haben. Ich hab' den Eindruck, er orientiert sich neu.«

»Hast du ihn darauf angesprochen?«

»Bisher nicht. Die Gelegenheit hat sich nicht ergeben. Und ich habe es aktuell selber stressig. Da will ich kein zusätzliches Fass aufmachen.«

»Wäre aber schon gut, wenn du mit ihm sprichst.«

»Ja klar, mach ich auch. Nur nicht gerade jetzt. Und du weißt doch: Reisende soll man nicht aufhalten.«

»Da hast du recht. Hast du eigentlich schon die Anfrage von HR beantwortet? Die Nominierungen für das Programm für Nachwuchsführungskräfte?«

»Bisher nicht. Ich will das noch mal gründlich überlegen.«

»Und? Ist Johannes eine Option?«

»Wohl kaum. So wie es aktuell steht, ist es wirklich nicht der richtige Zeitpunkt.«

Wer Unstimmigkeiten und Konflikte bei der Arbeit ungern anspricht, befindet sich in guter Gesellschaft. Etwa 30 Prozent der Beschäftigten möchten Auseinandersetzungen bei der Arbeit lieber vermeiden. Zum Vergleich: Nicht einmal 20 Prozent haben Probleme damit, eine Beziehung zu beenden.[140]

Offensichtlich sind viele Menschen sehr gut darin, ihrem Unbehagen (keine) Taten folgen zu lassen: Laut einer Untersuchung schließen nur 36 Prozent der Vorgesetzten Beurteilungen rechtzeitig und vollständig ab. 63 Prozent der erfahrenen Personalverantwortlichen glauben, dass nichts besseren Leistungen so sehr im Wege steht wie das Unvermögen oder der Unwille von Führungskräften, schwierige Feedbackgespräche zu führen. Und auch die Beschäftigten sind mit der Situation unzufrieden: 55 Prozent halten ihre letzte Beurteilung für unfair oder falsch. Ein Viertel geben sogar an, Beurteilungsgespräche seien das Allerschlimmste an ihrem Job.[141]

Wer »anders« ist, erhält tendenziell nicht nur weniger Feedback, es ist auch nicht so konkret und wird noch öfter vertagt. Die Gründe dafür sind vielfältig. Vorgesetzte fürchten, Diskriminierung vorgeworfen zu bekommen, sie finden es schwieriger und machen es daher weniger gern. Außerdem fühlen sie sich »anderen« Menschen auch nicht so verbunden und dadurch ist es der Mühe weniger wert.[142] Gerade Beschäftigte, die international tätig sind, außerhalb der heimischen Gefilde, können mit Rückmeldungen, die sie bekommen, zudem oft wenig anfangen. Weil sie vage sind oder missverständlich. Weil sie an Regeln gemessen werden, die ihnen unbekannt oder für sie nicht nachvollziehbar sind. Oder weil sie sich an Standards orientieren, die nicht gut mit der eigenen Kultur oder dem Wertesystem vereinbar sind.[113]

Auch für Frauen ist die Situation unbefriedigend. Sie bekommen deutlich seltener entwicklungsorientiertes Feedback als ihre männlichen Kollegen.[144] Wenn sie denn Rückmeldungen erhalten, sind diese weniger spezifisch, weniger konstruktiv und hilfreich. Vorgesetzte geben an, dass die Befürchtung, die Gefühle der Frauen zu verletzen, als gemein rüberzukommen, oder dass die Frauen anfangen zu weinen, sie vom Gespräch abhielte. Aber wenn sie einmal loslegen, teilen sie oft richtig aus: Frauen bekommen öfter negative und verletzende Rückmeldungen.

Er ist entschlossen, sie aggressiv

Eine Analyse von jährlichen Beurteilungsgesprächen zeigte, dass Frauen viel öfter ein subjektives Feedback bekommen, und es ist häufig von Geschlechterstereotypen gefärbt. Entweder beeinflusste eine unterschiedliche Erwartung das Urteil – das heißt, Menschen wurden an verschiedenen Standards gemessen – oder das gleiche Verhalten wurde unterschiedlich interpretiert. Dann sind zum Beispiel Frauen unentschlossen, während Männer Alternativen sorgsam abwägen.[145]

Zu den verschiedenen Messlatten kommt ein zweites Problem: Während bei Männern kritisches Feedback fast grundsätzlich konstruktiv ist und ganz praktische Tipps vermittelt, sind Frauen häufig mit Rückmeldungen konfrontiert, die persönlich sind und keine greifbaren Empfehlungen enthalten. Während man ihm sagt »In einigen Fällen wäre es klug gewesen, tiefer in die Details einzusteigen. Du wärst anschließend schneller vorangekommen«, hört sie: »Du kommst öfter aggressiv rüber. Ich weiß, du meinst das nicht so, aber du musst auf deinen Ton achten.« Oder: »Deine Kollegen finden, dass du ihnen zuweilen nicht genug Raum lässt. Du musst auch mal anderen die Chance geben, zu glänzen«.[146]

Egal ob sie gelobt oder getadelt werden, die Rückmeldungen, die Frauen erhalten, bringen weniger für ihre Entwicklung. Männern wird ein klares Bild vermittelt, was sie gut gemacht haben, warum es gut war und was sie tun können, um sich weiter zu verbessern. Zudem bekommen sie Hinweise, wo sie inhaltlich zusätzliche Schwerpunkte setzen sollten, um mehr Sichtbarkeit zu gewinnen und ihren Verantwortungsbereich auszuweiten. Frauen dagegen erhalten ein »Das war toll« oder »Super gemacht«. Auch wenn das zunächst erfreulich sein mag, sprechen Performance-Managementsysteme eine andere Sprache: Ein vages Feedback korreliert bei Frauen – anders als bei Männern – mit schlechteren Leistungsbeurteilungen. Wenn sie keine vernünftigen Rückmeldungen bekommen, haben Frauen weniger Chancen, sich zu verbessern, sich zu entwickeln, und es behindert ihre Karriere.[147]

Ob wir uns sicher fühlen, beeinflusst, wem wir helfen

Selbstverständlich beeinflusst nicht nur das Geschlecht die Wahrscheinlichkeit, dass ich Feedback erhalte, welches und wie viel. In Kapitel 3 war Homophilie unser Thema – der Umstand, dass wir überwiegend Menschen kennen, die uns ähnlich sind. In ihrer Gegenwart fühlen wir uns wohl und es ist leichter, ihnen Rückmeldungen zu geben. Weil wir besser einschätzen können, wie sie reagieren werden, weil wir nicht befürchten, überraschend in einen Fettnapf zu treten – und weinen werden sie auch nicht. Gespräche, die unterschiedliche demografische Dimensionen überbrücken – wie Geschlecht, Alter, persönlicher oder kultureller Hintergrund – fühlen sich oft schwieriger an und werden deshalb gerne vertagt. Dazu kommt, dass sich weniger – gerade informelle – Gelegenheiten ergeben, um potenzielle Probleme anzusprechen, bevor sie zu voller Größe ausgewachsen sind.

Um allerdings faire Voraussetzungen zu schaffen, ist es nicht nur wichtig, mehr anderen Menschen zu begegnen. Es reicht nicht, zu erkennen, wie meine eigenen Erfahrungen und Werte mein Bild von ihnen beeinflussen. Ebenso entscheidend ist, Wege zu finden, um wertschätzende Rückmeldungen zu geben, die über Unterschiede hinweg funktionieren.

Um zu verstehen, warum wir mit unseren Tipps und Empfehlungen ganz leicht danebenliegen können, ist es sinnvoll, die vier Phasen des Lernens zu verstehen und warum sie uns eine trügerische Sicherheit oder eine ungerechtfertigte Panik vermitteln (siehe Abbildung 11).

Grundsätzlich starten wir in neue Situationen »unbewusst inkompetent«. Wir haben keine Ahnung, was es alles zu wissen geben könnte, und haben daher auch keinen Maßstab, an dem wir uns messen. Wir sind in einer Phase seliger Ignoranz und tendieren dazu, uns maßlos zu überschätzen. Das ist der → *Dunning-Kruger-Effekt*.

Nachdem wir uns einige Male eine blutige Nase geholt haben, stellen wir fest, dass wir die Angelegenheit wohl doch unterschätzt haben und es sich lohnen würde, tiefer einzusteigen. Wir fangen an, uns mit einem Thema zu beschäftigen, recherchieren, lesen und lernen. In die-

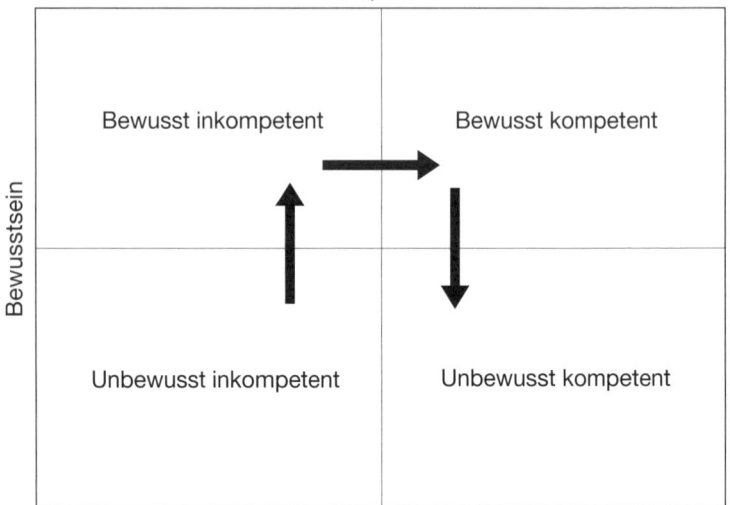

Abbildung 11: Vier Phasen des Lernens[148]

ser Phase sind wir bewusst inkompetent und fühlen uns oft komplett überfordert und unzulänglich.

Trotzdem gelingt es uns zunehmend, Kompetenz aufzubauen und neue Situationen erfolgreich zu meistern. Zunächst erfordert das noch unsere volle Kraft. Auf jedes einzelne Gespräch, auf jede Intervention bereiten wir uns gezielt vor, um den erwarteten Herausforderungen tatsächlich gerecht zu werden.

Je mehr wir üben, desto einfacher fällt es uns, angemessen zu agieren, und irgendwann gelingen uns die Dinge aus dem FF. Unser neues Wissen ist uns in Fleisch und Blut übergegangen und wir haben die Phase unbewusster Kompetenz erreicht. Das ist dann wie Fahrradfahren. Es funktioniert automatisch, ohne dass wir daran denken müssen, in die Pedale zu treten.

Was das mit Feedback zu tun hat? Das Modell unterstreicht, dass ich für viele Dinge blind bin, die für andere vorgehen. Mit zunehmender Kompetenz werde ich mir dieses Umstands besser bewusst und kann angemessen damit umgehen. Zudem gibt das Modell Hoffnung. Selbst wenn es heute schwer ist, gute Rückmeldungen zu geben, mit der Zeit wird es leichter.

Sicherheit vermitteln

Wie steht mein Appell, die persönliche Situation zu berücksichtigen, mit dem wachsenden Ruf nach totaler Transparenz im Einklang? Mit der komplett offenen Feedbackkultur, wie sie beispielsweise bei Netflix gepriesen wird? Kurzfristige und offene Rückmeldungen sind für die persönliche Entwicklung wichtig, das ist gar keine Frage. Wer aber nicht nur seine Meinung loswerden, sondern anderen wirklich helfen möchte, sollte dabei einige Aspekte berücksichtigen.

Zum einen kann Feedback Angst machen. Wer bereits selbst wegen der eigenen Leistung verunsichert ist, braucht Unterstützung und Ermutigung, statt endgültig vernichtet zu werden. Denn in der Panikzone geht es nicht mehr ums Lernen, sondern ums Überleben.

Wenn wir dagegen überzeugt sind, dass wir uns entwickeln und besser werden können, geben wir uns mehr Mühe. Wir arbeiten härter und genießen unsere Fortschritte. Statt dass uns die Furcht, etwas falsch zu machen, paralysiert, akzeptieren wir Fehler als Teil des Lernens und testen unsere Grenzen aus. Gleichzeitig steigen der Spaß an der Arbeit und die Motivation und in der Konsequenz unterlaufen uns weniger Fehler.[149]

Psychologische Sicherheit ist entscheidend, um Feedback annehmen zu können. Eine Möglichkeit, um sie zu vermitteln, ist das richtige Framing. Wie wir agieren, was wir sagen, ist für andere ein Indiz dafür, ob sie Grund zur Sorge oder sogar Panik haben müssen oder ob sie und ihre Interessen uns am Herzen liegen. Wenn uns jemand mit rotem Gesicht in das Büro oder einen Konferenzraum zitiert, werden wir uns dabei sehr anders fühlen, als wenn wir uns bei einer Tasse Kaffee zusammensetzen.

Laut Daniel Coyle, Autor von *The Culture Code*, hat sich eine Art, Feedback zu geben, als besonders effektiv erwiesen, um Menschen zu Höchstleistungen anzuspornen: »Ich gebe dir diese Rückmeldungen, weil ich sehr hohe Erwartungen habe und weiß, dass du sie erfüllen kannst.«[150] Studierende, die so angesprochen wurden, überarbeiteten ihre Referate öfter als andere und ihre Leistungen verbesserten sich merklich. Das Besondere: Die Betroffenen nahmen drei Botschaften mit, die ihnen zeigten, dass sich der Aufwand lohnt:[151]

1. Du gehörst zu dieser Gruppe.
2. Diese Gruppe ist besonders, wir haben hohe Standards.
3. Ich bin davon überzeugt, dass du diese Standards erfüllen kannst.

Das vermittelt nicht nur Zugehörigkeit und Wertschätzung, es triggert auch eine »Lern-Haltung«, in der wir neue Herausforderungen annehmen.

Feedback geben, das hilft, zu wachsen

Ebenso wichtig ist, zu spiegeln, wenn etwas gut funktioniert. Sich hervorzutun und Erfolg zu haben gelingt vor allem auf der Grundlage von Stärken. Das heißt, nicht nur an Fehlern rumzudoktern, sondern mehr von dem zu machen, was uns erfolgreich und außergewöhnlich macht. Gerade wenn Menschen unterschiedlich sind, unterscheiden sich auch die Erfolgsstrategien. Es geht nicht darum, jemandem zu helfen, mehr so zu sein, wie ich bin, sondern die bestmögliche Version von sich selbst.

Die wirksamste Strategie ist daher, jemanden unmittelbar darauf aufmerksam zu machen, wenn wir begeistert sind. Zu sagen, dass etwas besonders gut funktioniert hat und warum. Weshalb wir gerne mehr davon sehen würden und warum wir glauben, dass sich das lohnt. In solchen Momenten erleben die Mitglieder Ihres Teams wie »gut« aussieht und wie es sich anfühlt. Es wird ein ganz konkretes Erlebnis. Sie können reflektieren, was sie gemacht haben, auf welche anderen Situationen es sich übertragen lässt, und sie gewinnen ein neues, wirksames Tool für ihre Arbeit.[152]

Wenn ich dagegen kritisiere, was weniger gut klappt, geht es nicht darum, was »falsch« war oder »geändert werden muss«. Schließlich kann ich nur über meine eigene Perspektive berichten – was bei mir ankam, was das bei mir ausgelöst hat. Oder ich kann berichten, wie ich in vergleichbaren Situationen agieren würde, also Alternativen aufzeigen. Schließlich bin ich nicht das Maß aller Dinge. Meine Eindrücke

Statt	Lieber
Kann ich dir Feedback geben?	Hier ist meine Reaktion.
Toll gemacht!	Hier sind drei Dinge, die bei mir super angekommen sind. Was ging dir währenddessen durch den Kopf?
Das solltest du tun.	Das würde ich tun.
Das hat nicht funktioniert.	Als du x getan hast, kam der Punkt bei mir nicht an.
Du musst deine Kommunikation verbessern.	An dieser Stelle hast du mich verloren.
Du musst besser erreichbar sein.	Wenn ich von dir nichts höre, mache ich mir Sorgen, dass wir eventuell nicht gut abgestimmt sind.
Du denkst nicht strategisch.	Ich habe Mühe, deinen Plan zu begreifen.

Tabelle 9: Teammitgliedern helfen, zu glänzen
(nach Marcus Buckingham und Ashley Goodall)

sind meine. Sie basieren auf dem Abgleich mit meinen Vorstellungen und Erwartungen – nicht einer absoluten Wahrheit. Entsprechend gilt es auch, mein Feedback zu formulieren (siehe Tabelle 9).

Selbst wenn jemand aktiv meinen Rat sucht, sollte ich nicht sofort mit meinen Tipps daherkommen. Besser ist es in einer solchen Situation, zuerst zu besprechen, was aktuell gut läuft. Das verschiebt den Fokus aus dem Panik- oder »Ich kriege es nicht hin«-Modus zu einem Gefühl der Selbstwirksamkeit. Ich kann etwas. Wir sitzen nicht mehr wie das Kaninchen vor der Schlange, sondern öffnen uns neuen Perspektiven und Optionen. Im nächsten Schritt geht es um die Vergangenheit: Wann ist so etwas schon einmal passiert? Was hat damals funktioniert? Diese Basis ermöglicht dann auch den Blick in die Zukunft: Was weißt du bereits? Was solltest du tun? Was hat nach deiner Erfahrung in einer solchen Situation bereits funktioniert? Auf dieser Grundlage kann man anschließend natürlich auch die eigenen Erfahrungen teilen.[153]

Der Vorteil: Statt sich mit Warums herumzuschlagen oder zu versuchen, einen fremden Ansatz zu kopieren, liegt der Fokus auf praktischen Lösungsansätzen, die in der konkreten Situation für die Betroffenen hilfreich sind.

Eine weitere Strategie hilft dem Gehirn, sich zu orientieren: Vermeiden Sie Sandwich-Feedback. Was ganz oft als Lösung angepriesen wird, um negative Rückmeldungen besser zu verdauen, sorgt im Kopf nur für Verwirrung. Der Verstand weiß nicht, was er mit den völlig gegensätzlichen Botschaften anfangen soll, und tut, was er am besten kann. Er pickt sich heraus, was ihm gefällt. Diejenigen, die unsicher und selbstkritisch sind, hören nur das Negative. Wer aber ohnehin von sich begeistert ist, verlässt das Gespräch selig und felsenfest davon überzeugt, dass auch die Vorgesetzten vor lauter Freude kaum an sich halten können.

Aber egal, ob positiv oder entwicklungsorientiert, Rückmeldungen sollten grundsätzlich auf Ergebnisse oder Ziele Bezug nehmen. Wer nicht nur beklagt, dass sich jemand im Meeting nicht zu Wort meldet, sondern auch sagt, dass dem Team dadurch wichtige Perspektiven verloren gehen, wird mehr erreichen.

Mehr Vertrauen schaffen

Weil Vertrautheit wichtig ist, um schwierige Themen anzuschneiden, möchte ich Ihnen noch ein Modell vorstellen, das hilft, es aufzubauen (siehe Abbildung 12). Das Modell kommt von Edgar und Peter Schein und es geht um transformative Führung.

Anders als bei der sogenannten transaktionalen Führung (»Level 1«), bei der Vorgesetzte eine Ansage machen und ihr Team brav folgt und macht, was man ihm sagt, setzt transformative Führung (»Level 2«) auf eine kooperative und vertrauensvolle Zusammenarbeit, die nicht bloß auf die Sache konzentriert ist.

In einer komplexen Arbeitswelt mit intensivem Wettbewerb, rasantem technologischen Wandel und einem sich kontinuierlich verändernden Ökosystem hat Level-1-Führung in den allermeisten Disziplinen ausgedient. Wo es gilt, miteinander Ideen zu entwickeln, Probleme zu lösen und Erfolge zu verzeichnen, ist eine kooperative Führung gefragt. Dabei kommt Vertrauen eine Schlüsselfunktion zu.

Ob und wie sich Ihre Beziehung zu den einzelnen Mitgliedern Ihres Teams unterscheidet, haben Sie bereits im Kapitel 8 analysiert. Diese

Kompetenz-Vertrauen-Matrix bildet einen guten Ausgangspunkt, um eine Beziehungslandkarte zu entwickeln, wie sie Peter und Edgar Schein im Buch *Humble Leadership* vorstellen.[154]

Auf einer solchen Karte visualisieren Sie Verbindung zu Ihren wichtigsten Stakeholdern, denjenigen Menschen, die Erwartungen an Sie haben, und die Qualität der jeweiligen Beziehung. Dabei steht L1 (Level 1) für transaktional, das heißt, man arbeitet zusammen auf der Basis gemeinsamer Regeln und nach professionellen Standards. L2-Beziehungen zeichnen sich durch Kooperation, Hilfsbereitschaft und eine vertrauensvolle Zusammenarbeit aus. L3 sind emotionale Beziehungen, die sich durch gegenseitige Verpflichtungen auszeichnen. Durch die Größe, die Positionierung, die Distanz und die Dicke der Pfeile können Sie die Bedeutung und Qualität unterschiedlicher Beziehungen sichtbar machen.

Für Peter würde die Darstellung vermutlich etwa so aussehen:

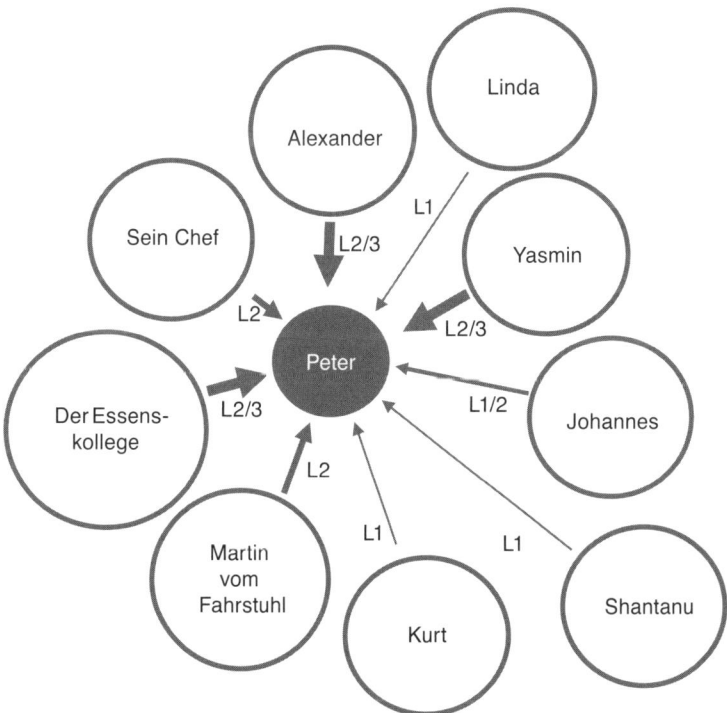

Abbildung 12: Beziehungslandkarte nach Edgar H. und Peter A. Schein

Wie man unschwer erkennen kann, stehen ihm Mitglieder seines eigenen Teams unterschiedlich nahe. Er fühlt sich nicht allen gleichermaßen verbunden. Vielleicht ist das für Peter in Ordnung. Aber diejenigen, welche die Qualität einzelner Beziehungen verbessern möchten, müssen aktiv werden. Ähnlich wie beim Feedback ist es dabei ratsam, auf dem aufzubauen, was funktioniert, womit Sie in der Vergangenheit gute Erfahrungen gemacht haben. Das geht so:

– **Entdecken Sie, was funktioniert.** Konzentrieren Sie sich zunächst auf Ihre Level-2-Beziehungen. Notieren Sie, was geschehen ist, um die Beziehung zu vertiefen. Was haben Sie getan? Was haben die anderen getan? Was hat es Ihnen ermöglicht, eine persönliche Beziehung aufzubauen? Was war der Grund dafür, dass Sie Teammitglieder als Personen wahrgenommen haben, nicht nur als jemanden, der eine Rolle ausfüllt? Welches Verhalten und welche Gelegenheiten haben dazu geführt, dass Sie manchen mehr vertrauen als anderen und eine persönlichere Beziehung entwickelt haben?
– **Erforschen Sie Muster.** Entdecken Sie, welche Gemeinsamkeiten beim Verhalten oder in den Situationen bestehen.
– **Replizieren Sie Erfolge.** Überlegen Sie sich, wie Sie die gleichen Mechanismen auf andere Beziehungen übertragen können.

Dazu gehen Sie am besten zurück zu Ihren Notizen zu der Kompetenz-Vertrauen-Matrix aus Kapitel 8. Hier haben Sie sich schon mit den Faktoren auseinandergesetzt, die sich auf die Beziehungen auswirken – mit möglichen Vorbehalten oder der Auswirkung von Stereotypen, mit vergangenen Erfahrungen, die Ihr Bild geprägt haben.

Jetzt geht es darum, zu eruieren, wie sich das Wissen über Teammitglieder unterscheidet, je nachdem, wie vertraut Sie sich mit ihnen fühlen. Welche Informationen würden Ihnen helfen, eine stärkere Verbindung aufzubauen? Überlegen Sie: Ist es okay, danach zu fragen? Und wenn ja, wie gehen Sie das am besten an?

Dafür gilt es, konkrete Pläne zu machen. Wer denkt: »Es wäre schon nett, Linda ein bisschen besser kennenzulernen« oder »Das gehe ich bei Gelegenheit mal an«, wird aller Voraussicht nach keine Fortschritte machen. Stattdessen heißt es, klare Ziele zu formulieren: »Ich möchte drei Gemeinsamkeiten mit Linda entdecken, um unsere Verbindung zu stärken.« Das ist die Basis, um auch zu entscheiden, was dafür erforderlich ist, und einen Aktionsplan zu machen.

Überlegen Sie sich außerdem, welche Vorteile das hat. Wie es sich anfühlt. Warum es sich lohnt. Anschließend setzen Sie sich auch mit den Hindernissen auseinander. Mit all den Dingen, die Sie davon abhalten können, Ihr Ziel zu erreichen. Vielleicht ist es Ihnen peinlich, wie wenig Sie bisher über Ihre Mitarbeiterin wissen? Vielleicht fürchten Sie, sie könne Ihnen Vorwürfe machen, weil sie sich schlecht behandelt fühlt? Sich sowohl mit den Vorteilen als auch den Barrieren auseinanderzusetzen nennt man »mentales Kontrastieren« (*mental contrasting*) und ist ein extrem erfolgreicher Weg, um sich Ziele zu setzen und sie anschließend zu realisieren.[155]

Tipps für Feedback und das Stärken von Beziehungen

Vermitteln Sie, dass sich die Mühe lohnt. Verbinden Sie entwicklungsorientiertes Feedback mit drei Botschaften: Du gehörst zu uns. Wir haben besonders hohe Anforderungen. Du kannst sie erfüllen. Geben Sie konkrete Rückmeldungen, auf denen sich aufbauen lässt.

Achten Sie auf unbewusste Signale, die Sie senden: Welchen Einfluss haben Aspekte wie Ihr Auftreten oder Ihr Tonfall potenziell auf die Situation? Setzen Sie diese Aspekte bewusst ein? Verstärken oder verfälschen sie Ihre Botschaft eventuell?

Sagen Sie Menschen, was sie gut machen. Am besten sofort. Helfen Sie anderen, von ihren Stärken zu lernen. Das klappt am besten, wenn Sie ihnen unmittelbar eine Rückmeldung geben, wenn sie etwas gut machen. Seien Sie konkret. Sagen Sie, was Sie gut finden, warum und was es mit Ihnen macht.

Helfen Sie Menschen, eigene Lösungen zu entwickeln. Statt selbst Tipps zu geben, ist es meistens hilfreicher, Teammitglieder dabei zu unterstützen, aufgrund der eigenen Erfahrungen Lösungen zu finden. Starten Sie mit einem positiven Fokus: Was läuft aktuell gut? Widmen Sie sich erst anschließend dem Problem. Fragen Sie: Wann ist so etwas schon einmal passiert? Was hat damals funktioniert? Was kannst du davon auf die aktuelle Situation anwenden?

Stärken Sie Verbindungen. Nutzen Sie eine Beziehungslandkarte, um Handlungsbedarf zu identifizieren. Um die Qualität von Beziehungen zu stärken, nutzen Sie die Strategie, die in der Vergangenheit Erfolg gebracht hat.

TEIL 4
REMOTE, DIGITAL UND INTERNATIONAL

Immer weniger Teams sitzen heute noch regelmäßig gemeinsam an einem Ort. Dadurch entstehen neue Herausforderungen in der Zusammenarbeit, insbesondere wenn auch noch kulturelle Unterschiede existieren.

Ein flexibler Arbeitsort wird heute oft als Lösung für eine bessere Work-Life-Balance angepriesen. Für die Beschäftigten kann das allerdings einsam werden und sich sogar zur Karrierefalle entwickeln. Mit den gleichen Problemen ringen diejenigen, die in einer Matrixorganisation oder in einem internationalen Team grundsätzlich einen anderen Arbeitsort haben. Warum das so ist und wie sich Barrieren überwinden lassen, darum geht es in Kapitel 10 *»Aus den Augen, aus dem Sinn«*.

»Das kommt mir spanisch vor« haben eventuell auch Sie im Rahmen einer internationalen Zusammenarbeit schon einmal gedacht. Grund genug, in Kapitel 11 einen Blick darauf zu werfen, wie kulturelle Unterschiede die Zusammenarbeit beeinflussen.

Die Mitarbeit in internationalen Projekten ist heute für viele Beschäftigte tagtägliche Realität. Leider bieten sie aufgrund unterschiedlicher Werte und Normen gleichzeitig jede Menge Konfliktstoff. Bevor Sie schimpfen *»So klappt das doch im Leben nicht!«*, lohnt es sich, das 12. Kapitel zu lesen.

Kapitel 10

Aus den Augen, aus dem Sinn

Warum Distanz Chancen rauben kann und wie man sie überwindet

Mit seinem Schreibtischstuhl und einem Kaffee kommt Alexander an Kurts Tisch gerollt. »Ich habe eine Frage wegen der Vorstandspräsentation.«

»Hm?«

»Die erste Fassung der Slides hab ich fertig. Allerdings sind einige Botschaften noch nicht so klar, wie sie sein sollten. Kannst du mal draufgucken?«

»Klar, tu ich gerne. Aber hast du Linda gefragt? Die hat doch im Strategiebereich gearbeitet und Dutzende solcher Präsentationen durchgezogen.«

»Ich weiß, aber sie ist nicht da. Home-Office. Und ich möchte das jetzt fertig machen. Ich kann sie ja vielleicht später noch mal fragen.«

In den 1970ern machte MIT-Professor Thomas J. Allen eine erstaunliche Entdeckung. Im Auftrag der US-Regierung sollte er untersuchen, welche Faktoren bei komplexen technischen Projekten zum Erfolg führen. Ein Muster wurde dabei schnell sichtbar: Es gab Cluster mit Menschen, die sich besonders intensiv austauschten. Er grub weiter, um zu verstehen, was sie verbindet, und stieß auf eine unerwartete Gemeinsamkeit.

Wer uns »nahesteht«, tut das gewöhnlich wortwörtlich

Der entscheidende Faktor war die Distanz zwischen den Schreibtischen (siehe Abbildung 13). Sie stand in direkter Korrelation dazu, wie oft

Menschen miteinander reden.«Ohne zu wissen, wer wo sitzt, konnten wir allein auf Basis der Frequenz erkennen, wer in welchem Stock arbeitet«[156], berichtet Allen.»Etwas so Einfaches wie Sichtkontakt ist sehr, sehr wichtig, wichtiger, als man eventuell denkt. Wenn man die andere Person sieht oder auch nur den Bereich, in dem sie sitzt, erinnerst du dich an sie. Und das hat eine ganze Reihe von Auswirkungen.«[157] [158]

Seitdem hat sich die Welt verändert. Social Media, Videodienste und eine wachsende Anzahl an Tools für die Zusammenarbeit lassen Entfernungen schrumpfen. Distanz sollte längst kein Thema mehr sein. Allerdings machte Allen eine andere Entdeckung.»Statt dass bei größerer Entfernung mehr telefoniert wird, weil die Wahrscheinlichkeit sinkt, Face-to-Face zu sprechen, zeigen unsere Daten, dass mit der Entfernung die Nutzung aller Kommunikationskanäle sinkt.«[159] [160]

Ein gewaltiges Umzugsprojekt gab einem E-Commerce-Unternehmen die Möglichkeit, die Auswirkungen veränderter Sitzgegebenheiten im wahren Leben zu untersuchen. Eine Analyse von fast 40 000 Deals zeigte, dass Beschäftigte, die in einem neuen Umfeld saßen, im Schnitt 40 Prozent mehr Umsatz machten. Dabei arbeiteten sie nicht einmal unmittelbar mit den anderen zusammen. Diskussionen und informelle Gespräche mitzuhören reichte aus, um die Kreativität anzuregen und

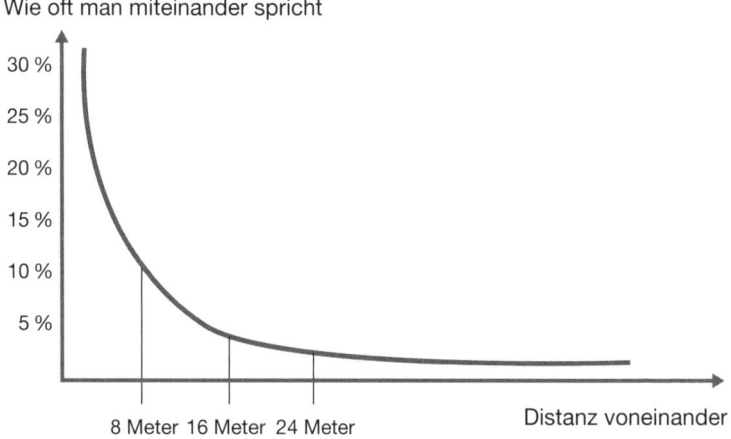

Abbildung 13: Die Allen-Kurve zeigt die Korrelation zwischen Distanz und Häufigkeit von Interaktionen

neue Lösungen anzubieten, statt sich auf die zu verlassen, die in der Vergangenheit funktioniert hatten.[161]

Größere Nähe macht nicht nur innovativ, sie beschleunigt tendenziell auch die Karriere. Denn wer von zu Hause aus arbeitet, wird – bei gleicher Leistung – mit einer bis zu 50 Prozent geringeren Beförderungsrate bestraft.[162] Einer der Gründe: Diese Beschäftigten haben etwa 25 Prozent weniger Entwicklungsgespräche – ein Aspekt, der Menschen besonders in den früheren Jahren ihrer Karriere ausbremsen kann.[163] Sie werden zudem tendenziell negativer beurteilt und nur für geringere Gehaltserhöhungen vorgeschlagen.[164]

»Klare Botschaft, alle zurück ins Büro«, mag man meinen, aber natürlich sind die Dinge nicht so einfach. Diese Erfahrung hat auch Marissa Meyer, ehemals CEO bei Yahoo, gemacht, als sie dort 2013 das Home-Office abschaffte.

Distanz kostet, aber auch räumliche Nähe hat ihren Preis

Starten wir angesichts der wachsenden Unterstützung für Fridays for Future mit den ökologischen Vorteilen des Heimarbeitsplatzes. Erstaunlicherweise bewogen 2017 »Nachhaltigkeit, Verantwortung für die Umwelt oder der Wunsch nach einem geringeren ökologischen Fußabdruck« nur 2 Prozent der Unternehmen dazu, über neue Arbeitskonzepte nachzudenken. 2011 war es noch jedes Vierte.[165] Dabei sind die Auswirkungen gewaltig. Wenn nur die Hälfte der Beschäftigten in den USA, die geeignete Jobs und Interesse haben, 50 Prozent der Zeit von zu Hause arbeiteten, hätte das die gleichen Auswirkungen auf den CO_2-Ausstoß, als würde man alle Beschäftigten im Staat New York dauerhaft von der Straße holen.[166] Die gesamtwirtschaftliche Ersparnis läge bei rund 700 Milliarden US-Dollar im Jahr. Typische Unternehmen würden pro Mitarbeiter_in 11 000 US-Dollar sparen, die Beschäftigten zwischen 2 000 und 7 000 Dollar jährlich.

Sollte die komplette US-Regierung Teleworking einführen, lägen die Kosten über einen Zeitraum von fünf Jahren bei 30 Millionen US-Dollar. Zum Vergleich: An einem einzigen Tag, an dem es in der Washingtoner Verwaltung wegen Schnee zu einem Shutdown kommt, liegen die Kosten für verlorene Produktivität bei 100 Millionen US-Dollar.[167]

Zudem sind Beschäftigte, die von zu Hause arbeiten, produktiver. In einer großen Untersuchung stellten Forschende fest, dass sich die Leistung um 13 Prozent steigerte, weil sie weniger Pausen machten, seltener krank waren und nicht so oft gestört wurden. Gleichzeitig stieg die Jobzufriedenheit deutlich und die Kündigungsquote sank.[168]

Ohnehin ist die Entwicklung kaum aufzuhalten. Immerhin arbeiten inzwischen 43 Prozent der Beschäftigten zumindest zeitweise getrennt von ihren Abteilungen[169] und das Interesse steigt weiter.

Aber nicht nur der persönliche Wunsch nach Flexibilität führt dazu, dass Menschen zunehmend über unterschiedliche Arbeitsorte hinweg kooperieren. Mindestens so wichtig sind veränderte Anforderungen in den Unternehmen: die wachsende Bedeutung von agilen Teams und von Flash-Organisationen oder die Zusammenarbeit in einer Matrix, die inzwischen 84 Prozent der Beschäftigten in irgendeiner Form betrifft.[170]

Ein weiterer Trend spielt hier ebenfalls eine Rolle: Marktveränderungen. Neue Wachstumsmärkte oder Geografien, in denen Innovationszentren angesiedelt sind oder die als verlängerte Werkbank genutzt werden, sind schlicht woanders, und das lässt sich nicht ändern. Nichtsdestotrotz verhindert auch hier Distanz Karriere und die Chance, die geeignetsten Köpfe auf wichtige Projekte anzusetzen, weil diese oft von spannenden Assignments nicht einmal hören. Weil sie unter der Hand vergeben werden und die Betroffenen nicht die richtigen Leute kennen oder nicht zur richtigen Zeit am richtigen Ort sind.

Statt des Blicks zurück: Lösungen für morgen

Anstatt zu versuchen, die Zeit zurückzudrehen, gilt es daher, Lösungen zu finden, mit denen die Beschäftigten unabhängig vom Arbeitsort voll partizipieren und erfolgreich sein können. Drei Dinge helfen, das zu meistern: geeignete Technologien, gemeinsame Regeln und etablierte Gewohnheiten.

Inzwischen gibt es längst interessante Tools und Plattformen, die die Zusammenarbeit unterstützen. Um die Lösungen zu finden, die für das eigene Team am besten geeignet sind, ist eine unterschiedliche Technikaffinität zu berücksichtigen. Zudem sollte bedacht werden, dass die IT-Unterstützung zu Hause oft noch geringer ist, als es in vielen Büros inzwischen beklagt wird. Eine erstklassige Lösung, an der die Hälfte des Teams scheitert, bringt daher keine echte Verbesserung. Dann lieber einfach starten und neue Funktionalitäten ergänzen, wenn alle sich mit der Lösung angefreundet haben. Das gilt auch, wenn technische Anforderungen nicht an allen Standorten gewährleistet sind. Dann heißt es Abstriche machen und sich auf einen Standard einstellen, der für alle passt.

Der Fokus sollte darauf liegen, dass die Technik die Ziele von Interaktionen unterstützt. Wer sich kennenlernen will, macht schneller und größere Fortschritte, wenn sich die Teilnehmenden nicht nur hören, sondern auch sehen. Wer gemeinsam Unterlagen bespricht, sollte sie vor Augen haben. Um Menschen tatsächlich zu verbinden, ist eine gemeinsame Plattform allerdings nicht genug. Wie im »richtigen« Leben heißt es, geeignete Aktivitäten zu identifizieren, um eine persönliche Beziehung zu entwickeln und Vertrauen aufzubauen. Wenn irgend möglich, gehören dazu auch ganz reale Treffen.

Klare Regelungen für den täglichen Trott

Wer üblicherweise im Büro arbeitet, unterschätzt, wie viele Informationen wir aus einer Situation ziehen, ohne dass auch nur ein Wort gewechselt wird. Daraus, wie der Schreibtisch aussieht. Ob der Kollege uns nur mit großen Augen ansieht, wenn wir fragen, ob er Zeit für einen Kaffee hat, oder die Kollegin nicht einmal den Kopf hebt. All das sind klare Indikatoren dafür, ob wir aktuell bei ihnen ein weiteres Projekt abladen können. Ob es okay ist, mit unserem Beitrag in Verzug zu geraten, oder ob es sich lohnt, Unterstützung anzubieten. Diese Hinweise fehlen Menschen, die nicht vor Ort sind.

Deshalb sind eine klare Kommunikation und gemeinsame Vereinbarungen so wichtig, Regeln, an die sich alle halten, sowie eine Grunddisziplin bezüglich Kontakten und Informationsaustausch, individuell und in der Gruppe. Was extrem formal wirken mag, ist eine unerlässliche Hilfestellung in einem dezentralen Team, ganz besonders wenn es auch noch unterschiedliche Kulturen umspannt.

Für Meetings heißt das zum Beispiel, zuverlässig eine Agenda vorzubereiten, die Start- und Endzeit sowie die Themen enthält und bei langen Besprechungen auch Pausen. Berücksichtigen Sie Standortunterschiede bei den Arbeitsweisen im Team, damit sie nicht frustriert werden. Nutzen Sie beispielsweise mobile Video-Lösungen für Konferenzräume, damit auch Mitglieder am Telefon sehen können, wer spricht und was bei einer Besprechung vor sich geht. Sind die nicht verfügbar, nutzen Sie »Hilfsmittel«, damit diejenigen, die sich einwählen, voll am Meeting partizipieren können:

- Bitten Sie Menschen am Telefon, die Besprechung zu leiten, damit sie in engagierten Diskussionen nicht abgehängt werden.
- Vereinbaren Sie, dass sich grundsätzlich alle einwählen, wenn das einzelne Kolleg_innen tun.
- Gehen Sie bei allen Themen um den virtuellen Tisch, um Input zu erhalten.
- Ob im Raum oder außerhalb, führen Sie eine Strichliste, wer wie oft etwas beigetragen hat, um eine gleichgewichtige Diskussion zu erreichen.
- Wenn in der Leitung lange Schweigen herrscht, fragen Sie nach.

Eigentlich ist es trivial, aber es wird erstaunlich oft übersehen: Berücksichtigen Sie bei der Planung gegebenenfalls unterschiedliche Zeitzonen und rotieren Sie Zeiten bei Bedarf. In einer aktuellen Befragung waren sich Teilnehmende aus Europa und den USA weitestgehend einig, dass die Zeitverschiebung ihre Arbeit nicht beeinflusst. Zwei von drei Befragten aus Ostasien sahen das anders. Sie finden sich tendenziell zu oft in Besprechungen wieder, die für sie zu nachtschlafender Zeit oder in aller Herrgottsfrühe stattfinden.[171]

Im Endeffekt geht es darum, dass uns Verhaltensweisen, die eine standortübergreifende Zusammenarbeit unterstützen, in Fleisch und Blut übergehen. Dass sie fürs ganze Team normal werden, statt mühsam praktizierte Ausnahmen zu sein, die besonderer Aufmerksamkeit bedürfen. Erinnern Sie sich an die vier Phasen des Lernens aus Kapitel 9? Unbewusst kompetent, das ist auch hier der Zustand, den wir erreichen wollen.

Um eine solche Normalität zu erzielen, reicht es nicht aus, sich auf geschäftliche Transaktionen zu konzentrieren. Wenn einige Teammitglieder häufig oder sogar immer fern arbeiten, gilt es, auch soziale Komponenten der Zusammenarbeit in die virtuelle Welt zu übertragen. Das gelingt beispielsweise über »virtuelle Kaffeekränzchen« und WhatsApp- oder Signal-Gruppen, in denen Fotos aus dem täglichen Leben gepostet werden oder Kolleg_innen die Möglichkeit haben, andere bei Veranstaltungen zu begleiten.

Hilfreich ist es auch, wenn beispielsweise alle Statusanzeigen nutzen, damit sichtbar ist, ob sie gestört werden können. Vereinbarungen zu gemeinsamen »Kernzeiten« erleichtern zusätzlich die Zusammenarbeit, weil alle wissen, wann sie die anderen am besten erreichen können. Mindestens genauso wichtig sind Lösungen, die eine asynchrone Zusammenarbeit ermöglichen, in der Menschen ihren Beitrag leisten, wann es ihnen persönlich am besten passt, ohne dass Ideen und Perspektiven verloren gehen.

Sorgen Sie als Führungskraft für »Gleichstand«

Weniger Unterstützung, schlechtere Beurteilungen und ein geringeres Gehalt – am Anfang des Kapitels bin ich darauf eingegangen, dass Vorgesetzte Teammitglieder, die sie weniger oft sehen, tendenziell auch weniger schätzen. Ist Ihnen vielleicht bei der Analyse der Kompetenz-Vertrauen-Matrix aus Kapitel 8 selbst aufgefallen, dass räumliche Nähe das Vertrauen steigert? Dass Sie von denen im Büro mehr mitbekommen und sie daher für kompetenter halten? Zeigt eventuell Ihre Beziehungslandkarte aus Kapitel 9, dass sich räumliche Entfernung auch auf dem Papier ausdrückt?

Vielleicht blättern Sie noch mal zurück und überprüfen, ob Distanz einen Einfluss hat und wie sich Kontakte eventuell unterscheiden. Ob

Sie Beschäftigte an anderen Standorten so häufig und so frühzeitig in Überlegungen und Diskussionen einbeziehen wie diejenigen am nächsten Schreibtisch. Ob Sie Dinge schnell mal eben beim Kaffee klären, aber eben nicht virtuell. Wenn die Balance nicht stimmt, werden Sie aktiv. Beziehen Sie auch die entfernteren Teammitglieder gezielt ein. Melden Sie sich regelmäßig. Planen Sie Termine ein und rufen Sie einfach mal an. Erstellen Sie eine Checkliste, um zu gewährleisten, dass Menschen, die Sie nicht im Büro sehen, für Sie dennoch sichtbar sind. (Wissenswertes zu Checklisten finden Sie im Kapitel 14.)

Ein weiteres Verfahren, das uns hilft, aktiv zu werden, sind »Wenn … dann«-Pläne. Sie greifen das Problem auf, dass sich die Gelegenheit für »Mache ich, wenn es mal passt« ganz oft nicht ergibt. Gute Vorsätze sind eben nicht genug. Wer sich stattdessen vornimmt, »Wenn es Dienstag ist, dann rufe ich Linda an«, hat viel öfter Erfolg. Grammatikalisch ist das nicht sehr schön, aber wirksam. Entsprechend formulierte Pläne haben eine um etwa 300 Prozent höhere Erfolgswahrscheinlichkeit.

Denn »Wenn … dann« ist eine Sprache, die unser Gehirn besonders gut versteht. Menschen erinnern sich besser an Vorsätze, die so formuliert sind, und sie lenken das Verhalten sogar unbewusst. Das Unterbewusstsein scannt nämlich das Umfeld dafür, dass sich die geplante Gelegenheit ergibt, und hilft auf diese Weise, aktiv zu werden, selbst wenn man eigentlich mit anderen Dingen beschäftigt ist. Weil ich zudem meinen Plan schon formuliert habe, lässt er sich ohne besondere Schwierigkeiten umsetzen.[172]

Wer Bedenken hat, dass das nicht reicht, kann noch einen Schritt weiter gehen. Dann formuliere ich zusätzlich, was ich tun werde, wenn mir tatsächlich einmal etwas dazwischenkommt. Also zum Beispiel: »Wenn ich am Dienstag unterwegs bin, dann bitte ich eine Kollegin oder einen Kollegen, sich bei ihr zu melden.« Dadurch wächst auch der Zusammenhalt im gesamten Team.

Tipps, um Distanzen zu überwinden

Vorbild sein. Arbeiten Sie selbst tageweise außerhalb des Büros und sprechen Sie darüber. Das unterstreicht nicht nur, dass es auch für andere okay ist, sondern Sie lernen auch die Herausforderungen kennen und werden besser darin, sie anzusprechen.

Machen Sie im Büro diejenigen Menschen sichtbar, die fehlen. Nutzen Sie die Kamera für Telefonate und nutzen Sie Profilfotos für Applikationen. Hängen Sie ein Bild oder eine Fotomontage Ihres Teams an die Wand beziehungsweise stellen Sie es auf den Schreibtisch oder laden Sie es auf den Desktop.

Halten Sie Kontakt. Melden Sie sich regelmäßig bei Teammitgliedern, die einen anderen Arbeitsort haben, und führen Sie kurze Gespräche ohne feste Agenda. Trinken Sie gemeinsam einen Kaffee und sprechen Sie darüber, was sie umtreibt. Wenn Sie merken, dass das öfter ausfällt, blocken Sie sich mehrmals in der Woche 15 Minuten, um virtuell durch Ihre Abteilung zu laufen und mit allen zu sprechen.

Integrieren Sie Menschen ins ganze Team. In erfolgreichen Teams haben alle miteinander Kontakt. Nutzen Sie Tools und Lösungen, um alle miteinander ins Gespräch zu bringen. Kurze, unstrukturierte Gespräche etablieren neue Verbindungen und zeigen Gemeinsamkeiten auf.

Kapitel 11

Das kommt mir spanisch vor

Warum es logisch ist, dass andere anders handeln, auch wenn es mir ein Rätsel ist

»Ich hatte mir das anders vorgestellt.« Peter nutzte das Mittagessen, um sich bei seinem Kollegen über den neuen indischen Mitarbeiter zu beklagen, der die in ihn gesetzten Hoffnungen so ganz und gar nicht erfüllt. »Er hatte tolle Referenzen und wirklich gute Zeugnisse.«

»Was ist denn das Problem?«

»Ich wollte mir jemanden ins Team holen, der eine ganz andere Perspektive mitbringt, der Sachen mal hinterfragt. Aber Shantanu sitzt in den Meetings nur da und lächelt freundlich.«

»Hast du ihn mal direkt angesprochen und nachgehakt?«

»Klar! Wenn wir diskutieren, frage ich immer wieder ›Und, Shantanu, was denkst du?‹. Aber dann kommt nur etwas Unverbindliches.«

»Schwierig.«

»Ja. Inzwischen glaube ich, er ist einfach nicht besonders gut. Ich hatte ihn letztlich gebeten, etwas wirklich Einfaches zu erledigen. Dringend war es auch nicht, aber als ich nach zwei Wochen im Teammeeting nach dem Stand gefragt habe, hatte er noch nicht mal angefangen. Da habe ich ihm deutlich die Meinung gesagt.«

»Klar.«

»Das hat er dann persönlich genommen. Das Letzte. Kann ja mal passieren, dass man etwas verbockt. Das nehme ich keinem übel. Aber offen für Feedback muss man schon sein. Wenn das fehlt, verliere ich das Vertrauen.«

Ob das eigene Team grenzüberschreitend aufgestellt ist, wichtige Schnittstellen im Ausland sind oder wir Tisch an Tisch mit Beschäftigten mit einer anderen Herkunft sitzen, tagtäglich arbeiten wir mit Menschen zusammen, die eine andere Nationalität und andere kulturelle Wurzeln haben als wir selbst.

Interkulturelle Zusammenarbeit lohnt sich – und sie kann schwierig sein

Allerdings haben Menschen in und aus unterschiedlichen Ländern nicht nur verschiedene Perspektiven und Ideen. Auch ihre Werte und wie sie kommunizieren unterscheiden sich. Und Entscheidungen werden auf verschiedenen Grundlagen getroffen. Daher kommt es regelmäßig zu Missverständnissen und Konflikten im Team, die dazu führen können, dass es sein Potenzial nicht voll ausschöpft. Nur wer versteht, welche Normen die Weltsicht anderer Teammitglieder beeinflussen, kann mögliche Fallstricke vorhersehen und vermeiden.

Wie zum Beispiel in der Eingangsszene: Da trifft Peter – der sich im Team bestenfalls als Erster unter Gleichen sieht, der klare Ansagen und direktes Feedback schätzt und ein ziemlich rigides Zeitverständnis hat – auf Shantanu, der aus einem Kulturkreis kommt, der Ältere ehrt und Vorgesetzten Respekt zollt und dem Harmonie tendeziell wichtiger ist, als recht zu haben. Wo Konfrontation lieber vermieden wird und Kritik sicherlich nicht vor anderen und nur stark verpackt geübt wird. Eine Form, in der sie Peter vermutlich nicht einmal erkennen würde. Außerdem besteht ein ganz anderes Verständnis von Zeit.

Wie grundsätzlich verschieden Menschen ticken und welche Werte hochgehalten werden, zeigt sich schon an Sprichwörtern, die jahrhundertalte Glaubenssätze reflektieren. In China lernen Kinder, dass sie zwei Ohren, zwei Augen, aber nur einen Mund haben und das ihr Verhalten prägen solle. Entsprechend wird dort die »lauteste Ente erschossen«. In den USA dagegen gibt es gute Gründe, die Aufmerksamkeit auf sich zu lenken, schließlich wird »das Rad geölt, das am lautesten quietscht«. In Deutschland sieht man das ähnlich und »stellt sein Licht nicht unter den Scheffel«. Das gilt zumindest für Jungs. »Mädchen, die pfeifen, und Hühnern, die krähen«, soll man laut Volksmund dagegen »beizeiten die Hälse umdrehen.« Das ist ohne Frage ein ziemlich radikales Verfahren, um mit ungewünschtem Benehmen umzugehen.

Welches Verhalten wann und von wem erwünscht und akzeptiert ist, nehmen wir also quasi schon mit der Muttermilch auf. Das klappt einwandfrei, solange die Menschen um uns herum das gleiche Wertesystem haben. Schwierig wird es, wenn sie sich deutlich unterscheiden. Dann passen Verhalten und Erwartungen plötzlich nicht mehr zusammen und wir werden an Maßstäben gemessen, die nicht unsere eigenen sind.

Während beispielsweise Menschen aus den meisten westlichen Kulturen dazu neigen, die eigenen Fähigkeiten als überdurchschnittlich zu bewerten, kommt das bei Menschen aus Ostasien selten vor. Selbst bei anonymen Befragungen tendieren sie zu Bescheidenheit. Nicht etwa aus mangelndem Selbstbewusstsein, sondern um sich harmonisch in ihr Umfeld einzufügen.[173] Dass sie sich damit bei Beurteilungsgesprächen und -verfahren, wie sie in den meisten Konzernen üblich sind, nicht unbedingt einen Gefallen tun, kann wenig überraschen.

Obwohl solche Aspekte längst weitestgehend bekannt sein sollten, ist es eine meiner häufigsten Erfahrungen in internationalen Assessment-Centern: Teilnehmende aus ostasiatischen Ländern rangieren bei der Bewertung unter »ferner liefen« und werden kritisiert, weil sie sich in Diskussionen nicht haben durchsetzen können und zu wenig »Biss« gezeigt hätten. Stattdessen werden extrovertierte Kandidat_innen gehypt und keiner stört sich daran, dass es keinen Hinweis darauf gab, dass sie den eigenen Stil an unterschiedliche Umfelder anpassen können.

Ein systematischer Blick auf Unterschiede

Als Erster hat sich der Niederländer Geert Hofstede darangemacht, nationale Kulturen systematisch zu untersuchen und Gemeinsamkeiten und Unterschiede zu entdecken, die Einfluss auf die Zusammenarbeit haben. Er beschreibt nationale Kulturen anhand von sechs Dimensionen: Machtdistanz, Individualismus und Kollektivismus,

Machtdistanz (*Power Distance Index = PDI*)	Sie beschreibt das Verhältnis zu Hierarchie und Statusunterschieden. Eine hohe Machtdistanz bedeutet, dass die ungleiche Verteilung von Macht erwartet wird. Dabei akzeptieren Menschen ihre gesellschaftliche Position, ohne sie zu hinterfragen. Kulturen mit geringer Machtdistanz sind dagegen egalitär – wie zum Beispiel Dänemark. Eine hohe Machtdistanz gibt es in vielen (ost-)asiatischen Ländern und in der arabischen Welt.
Individualismus und Kollektivismus (*Individualism versus Collectivism = IDV*)	In einer individualistischen Gesellschaft – ganz extrem: die USA – werden Selbstbestimmung und Eigenverantwortung großgeschrieben. In einer kollektivistischen – wie Indonesien – spielt das soziale Umfeld eine große Rolle und nimmt Einfluss auf persönliche Entscheidungen. Für die gegenseitige Unterstützung wird unbedingte Loyalität erwartet.
Maskulinität und Femininität (*Masculinity versus Femininity = MAS*)	Maskuline Gesellschaften sind eher wettbewerbs-, feminine eher konsensorientiert. Als typisch maskuline Eigenschaften gelten zum Beispiel Erfolgsorientierung, Konkurrenzbereitschaft und Selbstbewusstsein, als feminine Fürsorglichkeit, Kooperation und Bescheidenheit. Ein hoher MAS-Index weist auf eine Dominanz »typisch männlicher« Werte, wie man sie beispielsweise in den Ländern im deutschsprachigen Raum findet. Anders sieht das in den »femininen« Niederlanden aus.
Unsicherheitsvermeidung (*Uncertainty Avoidance Index = UAI*)	Sie beschreibt, wie sehr sich die Angehörigen einer Kultur durch ungewisse und unbekannte Situationen bedroht fühlen. Länder mit einer hohen Unsicherheitsvermeidung – wie Belgien oder Frankreich – vertrauen auf klare Regeln und Richtlinien. Unorthodoxe Methoden werden nicht geschätzt. Kulturen mit geringer Unsicherheitsvermeidung – wie Großbritannien – sehen das entspannt. Der Brexit lässt grüßen.
Lang- und kurzfristige Orientierung (*Long Term Orientation = LTO*)	Diese Dimension beschreibt den zeitlichen Planungshorizont einer Gesellschaft; Kulturen mit einem geringen Indexwert – etwa Brasilien oder Saudi-Arabien – honorieren alte Traditionen. Das Gesicht zu wahren und soziale Pflichten zu erfüllen ist wichtig, Veränderungen werden kritisch betrachtet. Gesellschaften mit einem hohen Indexwert – wie Hongkong oder China – sind pragmatisch und passen sich veränderten Situationen an.
Nachgiebigkeit und Beherrschung (*Indulgence versus Restraint = IND*)	In nachgiebigen Kulturen – wie in vielen lateinamerikanischen Ländern – ist es üblich, sich zu belohnen, das Leben zu genießen und Spaß zu haben. Beherrschte Kulturen – zum Beispiel in Ostasien – folgen dagegen strikten gesellschaftlichen Normen.

Tabelle 10: Sechs Dimensionen nationaler Kulturen nach Geert Hofstede[174]

Maskulinität und Femininität, Unsicherheitsvermeidung, lang- und kurzfristige Orientierung sowie Nachgiebigkeit und Beherrschung (siehe Tabelle 10).[175]

Kritiker beklagen, dass entsprechende Modelle Stereotypen Vorschub leisten würden und es wichtig wäre, jeden Menschen als Individuum zu behandeln, statt in eine Schublade zu stecken. Wer allerdings bei jeder einzelnen Bekanntschaft von null startet oder – schlimmer noch – grundsätzlich die eigene Kultur als Maßstab nimmt, macht sich das Leben extrem schwer oder übermäßig leicht.

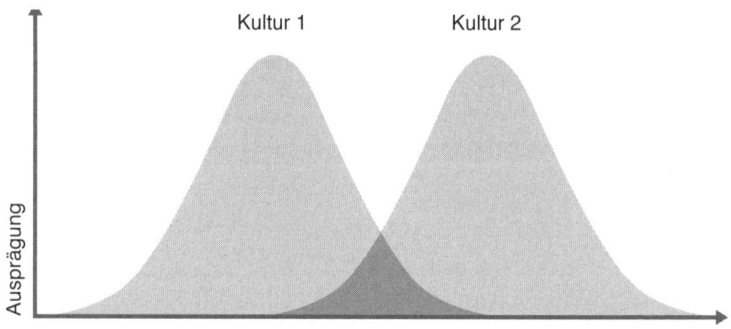

Abbildung 14: Nicht alle Menschen demonstrieren »typisches« Verhalten für ihre Kultur. Die Ausprägung folgt einer Gauß'schen Normalverteilung[176].

Modelle für die interkulturelle Zusammenarbeit geben einen Rahmen, um Erfahrungen zu sortieren. Aber sie sind keine Gebrauchsanweisung für den reibungslosen Umgang mit Menschen unterschiedlicher Kulturen. Auch wenn Werte und Normen Einfluss auf das Verhalten haben, sind selbstverständlich nicht alle Menschen einer Nationalität gleich. Wie auch bei anderen persönlichen Merkmalen, folgt die Ausprägung der unterschiedlichen Dimensionen einer Gauß'schen Normalverteilung (siehe Abbildung 14). Der Scheitelpunkt definiert dabei, was als »typisch« beschrieben wird. Wer sich allerdings mit einem simplen »US-Amerikaner sind egalitär« oder »Japaner sind sehr hierarchisch« für die nächste interkulturelle Begegnung top vorbereitet fühlt, wird seine Ziele kaum erreichen.

Erin Meyer, Professorin an der INSEAD Business School, hat acht Bereiche ausgemacht, in denen kulturelle Unterschiede unsere Interaktionen beeinflussen. Sie bilden die Basis ihrer Landkarte der Kulturen[177], einem sehr greifbaren Modell mit hohem Praxisbezug.

Kommunizieren

Die Eingruppierung des Kommunikationsstils erfolgt entlang der Achse »geringer beziehungsweise hoher Kontext«. In »kontextarmen« Kulturen ist kein beziehungsweise wenig Hintergrundwissen erforderlich, um eine Botschaft zu verstehen. »Gute« Kommunikation ist präzise, einfach und direkt. Anweisungen werden auch gerne schriftlich gegeben, um Missverständnisse zu vermeiden. Ganz anders ist das in »kontextreichen« Kulturen, wo Botschaften vielschichtig sind. Wenig wird direkt ausgesprochen, stattdessen wird aufgrund des gemeinsamen Kontexts vorausgesetzt, dass die Gesprächspartner auch zwischen den Zeilen lesen.

Ein schönes Beispiel lieferte eine niederländische Freundin (= kontextarm), die von ihrem französischen Chef (= relativ kontextreich) gefragt wurde, ob sie sich nicht eines bestimmten Projektes annehmen wolle. Die Frage konnte sie rundheraus verneinen. Er war sauer, sie überrascht. »Warum sagt er nicht einfach, was er will?«, klagt sie auch heute noch.

Bewerten

Während man sich kulturübergreifend einig ist, dass Feedback konstruktiv sein sollte, gibt es erhebliche Unterschiede in der Einschätzung, was das bedeutet. Hier variierte die Präferenz zwischen »klar und deutlich« auf der einen und »diplomatisch« auf der anderen Seite. Für mich bleibt unvergessen, wie ein Teilnehmer aus Israel (extrem direkt) nach einem Rollenspiel von einem britischen Beobachter (= sehr viel diplomatischer) mit auf den Weg bekam, dass sein Umgang mit den anderen Beteiligten doch sehr direkt gewesen sei und er sichtbar erfreut mit einem geschmeichelten »*Thank you*« reagierte.

Überzeugen

Hier geht es um die Frage, wie ich andere zu überzeugen versuche und was ich überzeugend finde. Das wird stark von der Kultur eines Landes geprägt und von den Faktoren – wie Philosophie und Religion –, die sie beeinflussen. Dabei unterscheidet die Skala danach, ob zunächst das Prinzip oder die Anwendung im Mittelpunkt steht. Während Deutsche tendenziell mit den Fakten starten, die logisch auf ein Ergebnis hinführen (deduktiv), lassen sich Amerikaner und Briten eher überzeugen, wenn man mit der Schlussfolgerung beginnt und erst anschließend die Daten präsentiert, die zu dieser Empfehlung führen (induktiv).

Führen

Bei diesem Bereich geht es um Machtdistanz, also um Respekt und Achtung gegenüber Autoritäten, um egalitäre beziehungsweise hierarchische Kulturen. Dieses Thema bildet – zusammen mit dem Kommunikationsstil und wie Entscheidungen getroffen werden – den Schwerpunkt des nächsten Kapitels.

Entscheiden

Diese Dimension berücksichtigt, wie stark sich Menschen in unterschiedlichen Kulturen um Konsens bemühen. Während üblicherweise in egalitären Kulturen Entscheidungen eher demokratisch getroffen werden und in hierarchischen »oben«, gibt es einige Abweichungen von der Norm. In den egalitären USA machen eher Vorgesetzte eine Ansage, die auch von der Gruppenmeinung abweichen kann. In der deutlich hierarchischeren deutschen Arbeitskultur hat Konsens dagegen einen höheren Stellenwert. Auch dazu mehr in Kapitel 12.

Vertrauen

Hierbei wird zwischen kognitivem (vom Kopf) und affektivem (aus dem Gefühl heraus) Vertrauen unterschieden. In aufgabenbezogenen Kulturen wird Vertrauen mit der Zeit aufgrund von positiven (Arbeits-)Erfahrungen aufgebaut, die beweisen, dass jemand Vertrauen verdient. In beziehungsbezogenen Kulturen basiert Vertrauen auf einer starken emotionalen Verbindung und geteilten persönlichen Erlebnissen.

Meinungsverschiedenheiten

Kulturen unterscheiden sich ganz grundsätzlich darin, als wie produktiv sie Auseinandersetzungen und Konfrontation für Teams oder Organisationen beurteilen. Diese Achse zeigt die Akzeptanz für offene Konfrontation und ob sie als hilfreich oder hinderlich für die Zusammenarbeit wahrgenommen wird. Davor hat mich zum Beispiel eine chinesische Freundin in Bezug auf ihre Landsleute gewarnt. Wenn mir ein Kollege sage, er wolle über eine Sache nachdenken, müsse ich nicht damit rechnen, wieder von ihm zu hören.

Planen

Ob Terminvereinbarungen als verbindlich oder bestenfalls als eine grobe Richtschnur wahrgenommen werden, ist ein weiterer Aspekt, der die Zusammenarbeit erheblich beeinflusst. Entsprechend wird auf dieser Achse angezeigt, ob eine strukturierte, lineare Arbeitsweise vorherrscht oder weitgehend flexibel und reaktiv agiert wird.

Im Überblick sieht das dann so aus wie in Abbildung 15.

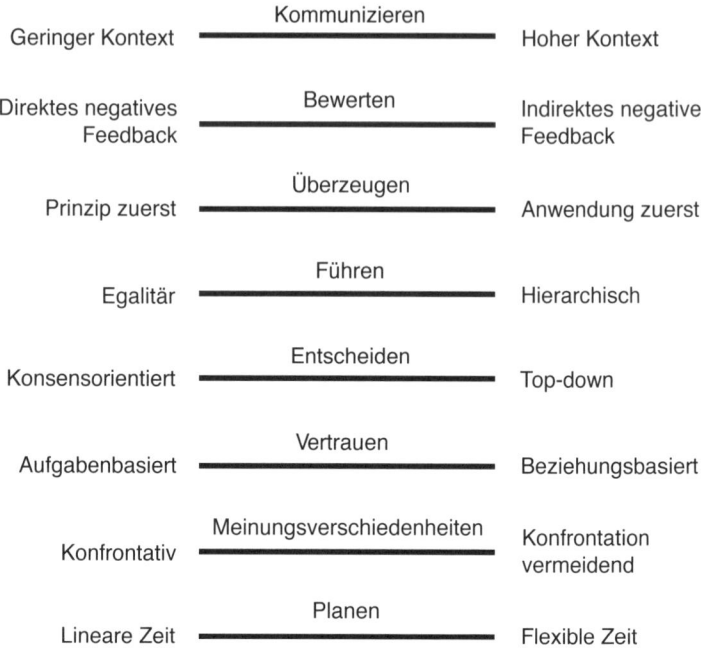

Geringer Kontext	Kommunizieren	Hoher Kontext
Direktes negatives Feedback	Bewerten	Indirektes negatives Feedback
Prinzip zuerst	Überzeugen	Anwendung zuerst
Egalitär	Führen	Hierarchisch
Konsensorientiert	Entscheiden	Top-down
Aufgabenbasiert	Vertrauen	Beziehungsbasiert
Konfrontativ	Meinungsverschiedenheiten	Konfrontation vermeidend
Lineare Zeit	Planen	Flexible Zeit

Abbildung 15: Culture Map nach Erin Meyer[178]

Den persönlichen Standort bestimmen

Der Startpunkt für ein besseres interkulturelles Verständnis ist immer ein besseres Verständnis von mir selbst. Wo verorte ich mich auf den unterschiedlichen Achsen? Was ist mir wichtig, was macht mich wahnsinnig? Wo wurde ich sozialisiert und welchen Einfluss hat das auf mein Wertesystem?

Oft fällt es uns selbst schwer, typisches Verhalten für unsere Kultur zu erkennen. Ganz offensichtlich sind doch die Unterschiede gewaltig. Das merken wir praktisch jeden Tag im Freundes- und Bekanntenkreis. Und was als typisch deutsch genannt wird – pünktlich, genau und direkt –, das wollen wir uns auch nicht unbedingt zu eigen machen.

Zum Verständnis hilft eine Parabel: Ein alter Fisch trifft auf zwei junge. Sagt der alte: »Schönes Wasser heute.« Die Jungen nicken ihm freundlich zu. »Was ist Wasser?«, fragt schließlich einer nach längerem Nachdenken. Denn mit Kultur ist es wie mit Privilegien: Die eigene bleibt für uns unsichtbar, weil sie unsere Normalität definiert – das »übliche« Verhalten, die »natürliche« Reaktion. Die eigene Kultur ist die Messlatte dafür, was wir als sonderbar erleben, als übertrieben, als unnötig, oder für Verhalten, das wir schlicht nicht verstehen oder für das wir blind sind.

Wer sich allerdings die unterschiedlichen Dimensionen bewusst macht und sich einen Eindruck verschafft, wo man sich selbst und andere auf den Achsen verortet, bekommt einen guten Eindruck für mögliche Konfliktpunkte im Team und woraus sie resultieren können. Dabei gilt es zu berücksichtigen, dass die Sicht auf andere Kulturen davon beeinflusst wird, was bei uns selbst »normal« ist. Ob Deutsche hierarchisch sind oder egalitär, darüber hat man in Dänemark (viel egalitärer) und Japan (viel hierarchischer) eine völlig unterschiedliche Meinung. Darüber, dass sie direkt sind und es mit Termintreue genau nehmen, wird man sich dagegen schnell einig sein.

Ganz besonders deutlich habe ich die Bedeutung der persönlichen Perspektive in interkulturellen Trainings in den Niederlanden erlebt. Sie sollten helfen, die Zusammenarbeit zwischen lokalen IT-Teams und der verlängerten Werkbank in Indien zu verbessern. Dabei beklagten die niederländischen Verantwortlichen regelmäßig die unzureichende Termintreue und die nervtötende Laissez-faire-Haltung der indischen Partner. Mich durchzog dann immer ein leichtes Gefühl der Schadenfreude. Immerhin hatte ich selbst regelmäßig genau den gleichen Eindruck, wenn ich mit Beschäftigten aus Holland zusammenarbeitete.

Viel wichtiger als »Geschieht euch recht« ist aber eine andere Botschaft: Wo ich mich selbst auf einer der acht Achsen befinde, definiert, wie ich eine andere Kultur erlebe. Ob sie mir beispielsweise als rigide und starr erscheint oder als chaotisch und unzuverlässig. Während aus indischer Perspektive die Niederlande eine Kultur haben, die fast pedantisch an einmal getroffenen Vereinbarungen festhält, ohne Rücksicht auf irgendwelche Aspekte zu nehmen, die auf die Planung Einfluss nehmen könnten, ließ ihre Zuverlässigkeit aus meiner Sicht zuweilen einiges zu wünschen übrig. Dabei würde ich mich doch niemals als besonders deutsch bezeichnen!

Erfolgreich mit internationalen Teams

Maßgeblich für eine erfolgreiche Zusammenarbeit ist Vertrauen. Es ist die Voraussetzung dafür, mit Spaß und Energie bei der Sache zu sein, sich voll zu engagieren und auch kniffelige Aufgaben gelöst zu bekommen. Dieses Vertrauen in multikulturellen Teams aufzubauen ist aufgrund unterschiedlicher Werte und Normen eine besondere Herausforderung.

Eine Grundvoraussetzung ist ein gemeinsames Ziel und die erforderlichen Informationen und Instrumente, um erfolgreich darauf hinzuarbeiten. Zudem gilt es, Transparenz für bestehende Unterschiede zu schaffen und dafür, welche Reibereien, Konflikte und Verletzungen aus ihnen erwachsen können. Das schafft die Basis, um sich auf klare Regeln für die Zusammenarbeit und den Umgang miteinander zu verständigen. Weil dabei alle regelmäßig außerhalb ihres »Standard-Modus« operieren, ist es wichtig, Vereinbarungen immer wieder zu bekräftigen.

Gute Kommunikation ist dabei ein maßgeblicher Erfolgsfaktor. Nur durch sie kann es gelingen, unterschiedlichen Informationsbedürfnissen gerecht zu werden und für alle transparent zu machen, wann was von wem erledigt werden muss, um gemeinsame Ziele zu erreichen. Regelmäßige Telefon- und Videokonferenzen, E-Mail-Updates und Einzelgespräche helfen, Hürden zu überwinden, wenn Beteiligte an unterschiedlichen Orten sitzen.

Gleichzeitig ermöglicht eine regelmäßige und zeitgerechte Kommunikation allen Beteiligten, sich auf Termine angemessen vorzubereiten. Das ist besonders für diejenigen wichtig, die nicht in die tagtägliche Kommunikation eingebunden sind und denen daher sonst leicht Informationen fehlen, die einfach mal zwischen Tür und Angel geteilt wurden. Und es adressiert die Bedürfnisse von Menschen in weniger individualistischen Kulturen, bei denen die Notwendigkeit besteht, sich mit anderen abzustimmen.

Weil in vielen Kulturen gemeinsame Erfahrungen – statt nur eine reibungslose Zusammenarbeit – die Basis für Vertrauen schaffen, ist es wichtig, das einzuplanen. Wer nicht ausschließlich über den Stand der Arbeit berichtet, sondern auch Möglichkeiten findet, über außerberufliche Interessen und Hobbys zu sprechen und darüber, was einen aktuell gerade privat umtreibt, kann dadurch Gemeinsamkeiten identifizieren und leichter persönliche Beziehungen aufbauen. Gerade in der Startphase einer Zusammenarbeit – oder wenn sich die Teamzusammensetzung verändert – ist es wichtig, solche interkulturellen Brücken zu bauen.

Internationalen Teams, die verteilt sitzen, hilft die passende Technologie. Dabei muss es sich nicht immer um die tollste oder neueste handeln. Viel wichtiger ist, dass sich alle Beteiligten mit der verwendeten Plattform wohlfühlen und damit, sie zu bedienen. Dabei gilt es, eine vernünftige Abwägung zwischen »schnell und unkompliziert« und der Qualität der Interaktion zu gewährleisten. E-Mails und Chat-Funktionen sind zwar praktisch, bilden aber auch fast ideale Voraussetzungen für Missverständnisse und dafür, dass sie eskalieren. Videoplattformen bieten dagegen ungleich mehr Hinweise darauf, ob Informationen richtig ankommen, und ermöglichen es, Unklarheiten unmittelbar anzusprechen und dadurch Konflikte zu vermeiden.

Tipps für interkulturelle Zusammenarbeit

Machen Sie sich mit der eigenen Kultur vertraut und mit der Ihrer Teammitglieder: Es gibt zahlreiche Tools und Bücher, die einen guten Eindruck dafür vermitteln, wo potenziell kulturelle Missverständnisse lauern. www.hofstede-insights.com zum Beispiel bietet ein kostenloses »country comparision tool«, mit dem sich Kulturen vergleichen lassen, die für einen selbst besonders relevant sind.

Stecken Sie niemanden in eine Schublade: Herkunft und Wurzeln sind nur ein Faktor, der unseren Stil und unser Handeln beeinflusst. Zudem können Einflüsse, die jemand erlebt hat, ganz anders aussehen, als wir vermuten. Begegnen Sie Menschen mit offenem Blick und vermeiden Sie vorgefasste Meinungen.

Machen Sie sich die Stärken verschiedener Herangehenswei-sen bewusst: Lernen Sie die Vorteile anderer Stile kennen, statt sie nur als »anders« wahrzunehmen. Dadurch entstehen Wertschätzung und Respekt.

Üben Sie »flüssig interkulturell«: Um die gleiche Botschaft zu vermitteln und das Gleiche zu erreichen, gilt es, auf andere einzugehen. Üben Sie, Ihren Stil zu adaptieren, um unterschiedlichen Bedürfnissen und Erwartungen gerecht zu werden.

Planen Sie unterschiedliche Bedürfnisse ein: Anders als in westlichen Ländern, wo man oft gerne bereit ist, aus der Hüfte zu schießen und sich fast jederzeit zu allem zu äußern, besteht in weniger individualistischen Kulturen ein höherer Abstimmungsbedarf. Informieren Sie, frühzeitig über Themen und Inhalte von Besprechungen, um die Möglichkeit zu bieten, sich vorzubereiten und mit anderen abzusprechen.

Lernen Sie Zielkulturen kennen. Wenn Sie viel mit Menschen einer bestimmten Kultur zu tun haben, nutzen Sie die Gelegenheit, sie kennenzulernen. Besuchen Sie das Land und versuchen Sie, die tagtäglichen Realitäten zu erfahren.

Kapitel 12
So klappt das doch im Leben nicht!

Wie man mit internationalen Teams erfolgreich ist

Die letzten »Goodbye«, »Thank you« und »Speak soon« waren kaum verklungen, da brach Tumult im Konferenzraum aus. Zu unterschiedlich waren in der Telefonkonferenz die Vorstellungen zur weiteren Vorgehensweise und zum Zeitplan für das Projekt gewesen. Nur Shantanu saß da und schwieg.

»Die spinnen doch, die Amis! Deren Vorstellungen sind völlig unrealistisch!«

»Genau! Immer sagen, man fühle sich geehrt und sei stolz darauf, einen Beitrag zu leisten, und wenn's dann zur Sache geht, wird nur wieder diskutiert statt geliefert.«

»Die Franzosen sind auch nicht besser. Ein freundliches »Oui, merci«, und kaum haben sie aufgelegt, ignorieren sie alle Vereinbarungen und machen, was sie wollen.«

»Immer noch besser als die Spanier, die haben den Call gleich ganz verpasst.«

»Und die Chinesen! Sitzen gemeinsam vorm Telefon und dann meldet sich trotzdem niemand zu Wort.«

»Ist doch kein Wunder, dass die Projekte auseinanderfallen. Erst sagt keiner etwas, dann hat keiner etwas gewusst und schließlich will es keiner gewesen sein.«

»Zum Glück hast du da deutliche Worte gefunden, Peter. Die scheinen sich viel zu oft darauf zu verlassen, dass wir die braven, super organisierten Deutschen sind und die Dinge dann doch noch gestemmt bekommen.«

Internationale Projekte sind eine großartige Chance, die eigene Sichtbarkeit zu erhöhen und sich für größere Aufgaben in Stellung zu bringen. Leider bieten sie fast ebenso häufig Gelegenheit, sich ins Aus zu manövrieren beziehungsweise von Talentlisten zu katapultieren. Ich habe zuweilen den Eindruck, dass das Deutschen – zumindest in internationalen Konzernen – aufgrund von Präferenzen und Stil ganz besonders gut gelingt. Vermutlich fällt mir das aber nur extrem stark auf, weil ich die Zeichen besonders deutlich erkenne und gleichzeitig weiß, welche positiven Intentionen sich hinter einem Verhalten verbergen, das bei anderen zuweilen ganz anders ankommt.

Clinch der Kulturen

Es sind typische kulturelle Aspekte, die nach meiner Erfahrung für Missverständnisse und unnötige Reibereien sorgen.

Da sind zunächst die verschiedenen Kommunikationsstile und -präferenzen und die Frage, wie akzeptabel es ist, Konflikte offen auszutragen. Dazu kommen ganz unterschiedliche Vorstellungen von der Bedeutung von Rang und Status und wie ehrfürchtig wir mit Menschen umgehen, die in der Hierarchie über uns stehen. Und schließlich die Entscheidungsfindung – wie schnell Entscheidungen getroffen werden und wie verbindlich sie sind. Als wäre all das nicht schon kompliziert genug, erschwert häufig auch noch die Sprache den Austausch. Diskussionen finden zumeist in Englisch statt und die Beteiligten können sich nicht so genau und differenziert ausdrücken wie in ihrer Muttersprache. Das alles führt zu einer extrem unübersichtlichen Gemengelage, die wir in diesem Kapitel auseinandernehmen werden.

Kommunikation

Starten wir mit der Kommunikation und zwei Gründen, warum wir uns nicht verstehen: Sprachstile sind nicht gut kompatibel oder wir geben uns gegenseitig nicht den erforderlichen Raum.

Sprechfrequenz

In einem Gespräch oder einer Diskussion unterscheidet sich die Sprechfrequenz zwischen den Kulturen ganz gewaltig (siehe Abbildung 16). Während beispielsweise im angelsächsischen Sprachraum Argumente in relativ schneller Folge ausgetauscht werden – das Ende einer Aussage wird vom Gegenüber als Signal genommen, mit dem eigenen Statement zu starten –, sieht das anderswo ganz anders aus. In Asien ist es unhöflich, zu reden, kaum dass der andere geendet hat. Die Taktfrequenz ist geringer und es gilt als Zeichen des Respekts, das Gehörte zu verarbeiten, bevor jemand zur eigenen Aussage ansetzt. In romanischen Sprachen ist eine solche Gesprächspause undenkbar. Sie würde signalisieren, dass sich Menschen nichts zu sagen haben, und wird als peinlich wahrgenommen. Wer sich also grundsätzlich am eigenen »Wohlfühlfaktor« orientiert, um den Sprechfluss zu diktieren, kommt eventuell nicht zu Wort oder verpasst wichtige Informationen und Argumente, weil der Raum fehlt, sie anzusprechen.

Angelsächsicher Sprachraum

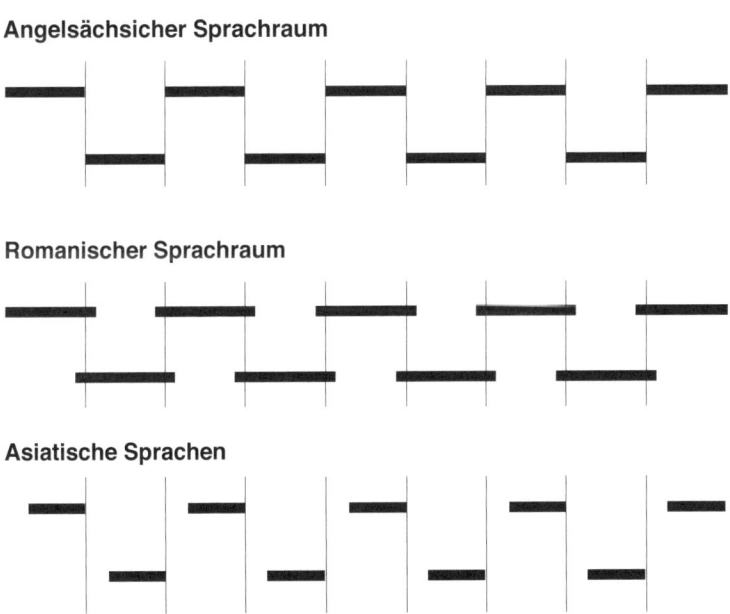

Romanischer Sprachraum

Asiatische Sprachen

Abbildung 16: Verschiedene Sprachen haben eine ganz unterschiedliche Taktfrequenz[179]

Selbst wenn es allen Beteiligten gelingt, zu Wort zu kommen, ist das nur der erste Schritt zu einer gelungenen Kommunikation. Denn wie wir sprechen, unterscheidet sich grundlegend. Von Kommunikation mit hohem oder geringem Kontext habe ich im letzten Kapitel gesprochen und wie wir Kritik und negatives Feedback handhaben – unmittelbar und sehr direkt oder besonders freundlich verpackt.

Ein höherer Bildungsstand macht die Sache übrigens nicht einfacher, stattdessen werden die Herausforderungen nur noch größer. Mit besserer Ausbildung und höherer Position kommen Menschen beim Sprechen dem Ideal ihrer Kultur zunehmend näher. Während US-amerikanische Top-Führungskräfte (kontextarm) Regeln wie »Sag, was du sagen wirst, sag es und sag, was du gesagt hast« zutiefst verinnerlicht haben und ihre Argumente vermutlich per E-Mail anschließend noch mal rekapitulieren, wird in Japan, das am gegensätzlichen Ende der Kontextskala steht, dieser Angang als primitiv empfunden, als Sprache, die nicht einmal einem Kind gegenüber gerechtfertigt ist und die Intelligenz des Gegenübers offensichtlich stark in Zweifel zieht.

Noch schlimmer ist es aber umgekehrt, denn während Menschen aus kontextreichen Kulturen kontextarme Aussagen eventuell als platt und wenig kultiviert erleben, bleiben ihre geschliffenen Aussagen oft gleich komplett unverstanden. Wie langjährige Bekannte oder ein altes Ehepaar setzt ihre Sprache zu viele gemeinsame Werte und Erfahrungen voraus, die erforderlich sind, um das Gesagte zu interpretieren und einzuordnen. Wenn der gemeinsame Kontext fehlt, kommen die kunstvoll verpackten Botschaften dagegen überhaupt nicht an. Die größten Missverständnisse gibt es dabei nicht etwa zwischen Menschen an den entgegengesetzten Skalenenden. Komplett bricht die Kommunikation zusammen, wenn Menschen aus unterschiedlichen Kulturen mit kontextreicher Sprache aufeinandertreffen. Dann versuchen zwar beide, ganz intensiv zwischen den Zeilen zu lesen, ziehen aber aufgrund unterschiedlicher Erfahrungen völlig falsche Schlüsse, was denn wohl nun gemeint sein könnte.[180]

Für interkulturelle Teams funktioniert grundsätzlich eine kontextarme Kommunikation besser, wichtig ist allerdings, dass sich alle darauf verständigen.

Auch wie diskutiert und Kritik geübt wird, unterscheidet sich grundsätzlich und bietet jede Menge Potenzial für Konflikte im Team. Die einen haben Spaß an lautstarken Diskussionen und sehen sie als Gelegenheit, Argumente auszutauschen oder einfach mal zu testen und Ideen weiterzuentwickeln. Eine anständige Auseinandersetzung belegt für sie die Stärke des Zusammenhalts und das Vertrauen, das man ineinander setzt. Anders stellt sich das häufig für Beteiligte dar, die aus Kulturen kommen, in denen es wichtig ist, »Gesicht zu wahren«. Für sie ist potenziell Harmonie wichtiger, als recht zu haben, weil sie fürchten, dass Konflikte die Gruppe beschädigen.[181]

Um einen Eindruck für ganz unterschiedliche Präferenzen zu bekommen, muss man nicht weit schauen. Es reicht schon ein Blick über den Ärmelkanal (siehe Tabelle 11). Für mich hat nie wieder jemand das typisch Britische so sehr repräsentiert wie mein Kollege David, Anfang 60 und der perfekte englische Gentleman. Wenn wir uns in fundamentaler Ablehnung eines Plans absolut einig waren, hat das außer uns oft keiner gemerkt. Während ich meinen Unmut sehr unverblümt ausdrückte und Menschen aus verbindlicheren Kulturen verschreckte, kamen von ihm gesetzte Worte des Missfallens mit milder Ironie, die ein Großteil des internationalen Teams nicht verstanden.

Was die Briten sagen	Was die Briten meinen	Was Deutsche verstehen	Was Deutsche sagen würden
Ich würde vorschlagen ...	Kümmere dich drum.	Ich kann das gegebenenfalls in Erwägung ziehen.	Kümmere dich drum.
Die Idee ist originell.	Was für eine Schnapsidee.	Out-of-the-box! Das kommt gut an.	Was für eine Schnapsidee.
Es liegt bestimmt an mir, aber ...	Wie bist du nur auf so eine Idee gekommen?	Es ist deine Schuld und tut dir leid.	Wie bist du nur auf so eine Idee gekommen?
Ich fand es ein bisschen schade, dass du ...	Ich bin stinksauer.	Das war nicht so schlimm.	Ich bin stinksauer.
Ach, übrigens ...	Worum es hier wirklich geht ...	Nur so am Rande.	Worum es hier wirklich geht ...

Tabelle 11: Interkulturelles Feedback bietet viel Raum für Missverständnisse[182]

Während es in Deutschland völlig üblich ist, Menschen negatives Feedback ganz direkt zu geben – »Es geht ja schließlich um die Sache und nicht um die Person« –, wird das beispielsweise in den USA anders gesehen, von ostasiatischen Ländern ganz zu schweigen. Dazu kommt, dass die deutsche Kultur sehr offen für Konflikte ist. Aber wer überzeugt ist, dass ein anständiger Streit die Atmosphäre reinigt, erlebt im internationalen Kontext oft eine böse Überraschung. Denn wie die Axt im Wald hinterlässt man eine Spur der Verwüstung und böse Verletzungen.

Die Wirkung des eigenen Verhaltens ist den Akteur_innen dabei häufig gar nicht bewusst, denn die indirekte Rückmeldung wie der Rat, das eigene Verhalten vielleicht einmal zu überdenken, wird bestenfalls als freundliche Empfehlung verstanden, die keine größere Aufmerksamkeit verdient. Wer selbst mit »Du liegst total falsch«, »Das sehe ich völlig anders« oder »Auf gar keinen Fall« hantiert, tendiert dazu, subtilere Hinweise zu überhören.

Das wird spätestens dann zum Problem, wenn Projekte nicht reibungslos verlaufen. Dann schaffen zwischenmenschliche Konflikte zusätzliche Barrieren und resultieren zum Beispiel darin, dass wichtige Informationen nicht geteilt werden.[183]

In internationalen Projekten lohnt es sich daher, Vokabeln wieder in den aktiven Wortschatz aufzunehmen, die – aus Furcht, die eigene Position zu untergraben – aus dem deutschen Management-Sprech weitestgehend verbannt sind, wie »eventuell«, »vielleicht« oder »ein bisschen«.

(Fremd-)Sprache

Das gilt ganz besonders, weil regelmäßig Beteiligte in einer Fremdsprache unterwegs sind und sich dadurch in ihren Fähigkeiten eingeschränkt fühlen. Wer in der Muttersprache einen großen Wortschatz hat und sich stilsicher ausdrückt, verliert in »Ausländisch« häufig wichtige Soft Skills.[184] Gleichzeitig kann es schwerfallen, die eigene Expertise zu demonstrieren, die eher hinter einer geschliffenen Sprache vermutet wird. Auch das kann zu Frust und Ergebnissen führen, die deutlich hinter dem Potenzial der Gruppe bleiben.

Einen besonders eklatanten Beleg für die Notwendigkeit, Kommunikation nicht einfach »laufen zu lassen«, zeigt eine aktuelle Untersuchung von Teams mit Mitgliedern aus den USA und Ostasien. Ohne geeignete Interventionen meldeten sich die Amerikaner fünfmal häufiger zu Wort und redeten fast zehnmal mehr. Erst gemeinsame Regeln schaffen eine akzeptable Balance: klare Vereinbarungen, wer wann spricht, und offene Fragen, um alle einzuladen, unterschiedliche Perspektiven zu teilen. Mit einer solch inklusiven Vorgehensweise äußerten sich amerikanische Teammitglieder nur noch 1,5-mal so häufig wie die aus China, Japan, Korea und Taiwan und der Redeanteil glich sich an.[185]

Hierarchie

Ein wichtiger Aspekt einer inklusiven Kultur ist das Verständnis für die Bedeutung von Status. Denn die Achtung vor Älteren und denjenigen, die höher gestellt sind, bringt Beschäftigte in hierarchischen Kulturen leicht zum Verstummen. Und obwohl sich auch in China mit dem Generationswechsel die Erwartungen an Führungskräfte verändert haben und sich junge Beschäftigte – wie ihre westlichen Altersgenoss_innen – einen partizipativen Führungsstil wünschen[186], sind sie von westlichen Verhältnissen weit entfernt.

Ich habe in den frühen 1990er-Jahren meine Karriere bei HP gestartet, einem Unternehmen, in dem sich schon damals alle per Vornamen ansprachen und auf der Großfläche zusammenarbeiteten. Die PR-Abteilung saß gegenüber dem Top-Management und wir waren eine ausgesprochen gut gelaunte Truppe. Wenn die Begeisterung mal wieder Wellen schlug, streckten daher regelmäßig Menno, Fritz oder Rudi – die Geschäftsführer – ihren Kopf über die Stellwand und baten darum, doch wenigstens ein kleines bisschen leiser zu sein. Noch heute erinnere ich mich an meine Fassungslosigkeit, als ich einige Jahre später bei Alcatel entdeckte, dass meine Assistentin in einem Vorzimmer saß, um mich vor anderen abzuschirmen. Angesichts meiner Sozialisierung wirkte das für mich auch Ende des letzten Jahrtausends völlig aus der Zeit gefallen.

Das eigene Umfeld prägt einen und es fordert ein erhebliches Maß an Umdenken, in einer Kultur zu agieren, in der Status einen ganz anderen Stellenwert hat. Von daher schafft die zunehmende Bedeutung agiler Organisationsformen und flacher Hierarchien neue Hürden in der Zusammenarbeit mit wichtigen Wachstumsmärkten. Während bei uns eine der Bastionen deutschen Selbstverständnisses fällt und mit wachsender Begeisterung geduzt wird, haben Menschen weit im Osten sehr wenig Interesse an der damit verbundenen Nahbarkeit. Stattdessen fühlen sich Mitglieder aus hierarchischen Kulturen – wo Entscheidungen »oben« getroffen werden – von der veränderten Rolle oft verunsichert und befürchten in internationalen Teams, Status oder sogar ihr Gesicht zu verlieren, wenn sie den eigenen Normen gehorchen.

Entscheiden

Die Hierarchie spielt auch eine Rolle, wenn es darum geht, wie Entscheidungen getroffen werden und von wem. Das Gleiche gilt für die bevorzugte Entscheidungsgeschwindigkeit. Sie hilft, eine der auffälligsten Abweichungen zu erklären: In den relativ egalitären USA wird gerne von oben per Ansage entschieden – und das auf Basis minimaler Informationen.[187] »Analysen-Paralyse« – gelähmt sein durch zu lange Diskussionen – ist verhasst, stattdessen werden schnell Fakten geschaffen. Die Strategie, die schon bei der Eroberung des Westens der USA Anwendung fand, wird heute noch gerne praktiziert und unter dem Label »fail fast« zunehmend ein Exportschlager.

Das unmittelbare Gegenstück ist Deutschland, eigentlich hierarchischer, aber deutlich stärker konsensorientiert. Andere Gesellschaftsformen, die Rolle des Vorstands und Gremien wie Aufsichtsräte ebenso wie die betriebliche Mitbestimmung haben einen starken Einfluss auf Entscheidungsprozesse und befeuern den Wunsch, es gleich »richtig« zu machen. Halbgare Ideen und Vorgaben sind mit dieser Herangehensweise schlecht vereinbar, sie werden als unüberlegt und unprofessionell wahrgenommen und lassen Diskussionen eskalieren (siehe Abbildung 17).

USA

Entscheidung (e)

Diskussion ——→ X —— Implementation (weiter diskutieren, überlegen und adaptieren) ——→

Deutschland   Entscheidung (E)

Diskussion ————————————→X − Implementation (keine weiteren Diskussionen)→

Abbildung 17: Entscheidungen sind unterschiedlich verbindlich

Ein Problem dabei ist eine grundsätzlich unterschiedliche Vorstellung davon, was eine »Entscheidung« eigentlich ist. Eine akzeptable Basis, von der aus sich agieren lässt, oder eine in Stein gemeißelte Vorgabe, die unmittelbar zum Ziel führt. Erin Meyer unterscheidet hier zwischen einer Entscheidung mit großem beziehungsweise kleinem »E«.[188]

Diese unterschiedliche Sicht- und Herangehensweise führt nicht nur in der deutsch-amerikanischen Zusammenarbeit zu heftigen Auseinandersetzungen. Weil die einen keine Ahnung haben, warum endlos lange geredet statt endlich mal gearbeitet wird. Und weil bei den anderen Wochen an Arbeit mit einem Handstreich sinnlos sind, da die doch eigentlich fest vereinbarte Vorgehensweise umgeschmissen und plötzlich neu diskutiert wird.

Wenn man internationale Projekte erfolgreich vorantreiben will, ist es wichtig, zu verstehen, wie Einigung erzielt wird und was tatsächlich vereinbart wurde, um weder als unerträglich bürokratisch noch als komplett chaotisch wahrgenommen zu werden. Um Energie da zu investieren, wo sie tatsächlich zum Ergebnis beiträgt. Ist »schnell« ein Beleg für Entschlossenheit oder eine miese Vorbereitung? Ist eine Vereinbarung verbindlich oder eigentlich nur ein Plan, der weiteren Änderungen unterliegt?

Das bedeutet auch, zu verstehen, wie Entscheidungen getroffen werden und worum es in Meetings eigentlich geht. Werden Entscheidungen hier getroffen und haben die ein großes oder ein kleines »E«? Werden Optionen diskutiert? Oder werden Entscheidungen abgesegnet, die im Vorfeld längst vorbereitet wurden, sodass alle Argumente sinnlos sind?

Tipps für Erfolg in internationalen Projekten

Seien Sie flexibel. Meetings sind nur ein Teil der Entscheidungsfindung. Schaffen Sie andere Gelegenheiten, um wichtige Stakeholder zu identifizieren und auf sie Einfluss zu nehmen.

Adaptieren Sie Ihren Stil. Deutschland gehört zu den direktesten und konfrontativsten Kulturen der Welt. Was hier gang und gäbe ist, stößt fast überall sonst übel auf. Üben Sie, »freundlich und verbindlich« zu sein, und achten Sie in der Kommunikation auf Zwischentöne.

Finden Sie Wege, um unterschiedliche Perspektiven zu hören. Machen Sie es kulturell akzeptabel, eine abweichende Meinung zu äußern. Fordern Sie Beteiligte auf, des Teufels Advokat_in zu spielen, oder bitten Sie alle, Vor- und Nachteile unterschiedlicher Optionen zu benennen oder Bedenken, die sie eventuell von anderen gehört haben.

Einigen Sie sich auf Regeln. Verständigen Sie sich als Team auf gemeinsame Arbeitsweisen. Dazu gehören Regeln für Besprechungen, ein zeitgerechter Versand der Agenda ebenso wie Protokolle und Aktionspunkte, die gegebenenfalls auch mit anderen Ebenen geteilt werden. Erklären Sie, warum das nötig ist, obwohl es in manchen Kulturen als Zeichen mangelnden Vertrauens verstanden werden kann.

Nutzen Sie eine kontextarme Kommunikation. Um Missverständnissen vorzubeugen, brauchen interkulturelle Teams eine kontextarme Kommunikation. Das Gleiche ist übrigens auch bei schriftlicher Kommunikation und in Foren dringend zu empfehlen. Wer hier versucht, mit Ironie zu punkten, erntet oft einen Shitstorm, weil gemeinsame Erfahrungen und Kontext fehlen, um zwischen den Zeilen zu lesen.

TEIL 5
FRAUEN UND MÄNNER

Der letzte Teil des Buches handelt davon, wie das Geschlecht unsere Erfahrungen am Arbeitsplatz beeinflusst. Welche Auswirkungen es darauf hat, wie wir wahrgenommen werden, welche Erwartungen an uns gestellt werden und welche Unterstützung wir erfahren.

Der Fokus auf Männer und Frauen ist dabei natürlich eigentlich zu eng. Die Zeiten binärer Geschlechterzuweisungen sind schließlich vorbei. Das belegt nicht nur das Urteil des Bundesverfassungsgerichts. Menschen, die sich »dauerhaft weder dem männlichen noch dem weiblichen Geschlecht zuordnen lassen«, werden in ihren Grundrechten verletzt, wenn sie das Personenstandsrecht dazu zwingt, »das Geschlecht zu registrieren, aber keinen anderen positiven Geschlechtseintrag als weiblich oder männlich zulässt.«[189]

Dass ich mich in diesem Teil trotzdem auf Männer und Frauen konzentriere, hat einen einfachen Grund: die Studienlage. Kein anderer Unterschied ist bisher besser untersucht. Und die grundsätzlichen Empfehlungen ändern sich ja nicht: anderen Menschen Wertschätzung entgegenbringen, Gemeinsamkeiten finden und mit Offenheit aufeinander zugehen.

Was erwartet Sie in den nächsten Kapiteln?

Kapitel 13 *»Ich muss heute früher gehen, Aufführung im Kindergarten«* beleuchtet die beiden maßgeblichen Kriterien, nach denen wir andere Menschen beurteilen: Wärme und Kompetenz. Es erklärt, warum gerade diese Eigenschaften so wichtig sind und wie sich das auf die Einschätzung von Männern und Frauen auswirkt.

Das Geschlecht hat auch einen hohen Einfluss darauf, welche Verhaltensweisen von unterschiedlichen Menschen erwartet beziehungsweise akzeptiert werden. In Kapitel 14 »*Eigenlob stinkt*« geht es darum, dass das gleiche Verhalten völlig unterschiedlich bewertet wird und welche Möglichkeiten es gibt, gemeinsame Standards zu erreichen.

Das Kapitel 15 »*Zickenkrieg*« geht schließlich dem Vorurteil auf den Grund, dass Frauen einander nicht beistehen. Es erklärt, wie es zu dieser Einschätzung kam und warum sie sich so hartnäckig hält. Zudem beleuchtet es, welchen Beitrag Männer leisten können, um Veränderungen zu erzielen.

Kapitel 13

Ich muss heute früher gehen, Theateraufführung im Kindergarten

Wie Wärme und Kompetenz unser Urteil über andere Menschen bestimmen

»Wieder einen halben Tag frei heute?« Linda blickt sich nur kurz nach Peter um, der ihr freundlich zuwinkt, und sprintet weiter zum Fahrstuhl. Sie war eindeutig zu spät dran. Das würde Stress im Kindergarten geben. Immerhin, ihre Deadline hatte sie gehalten, trotz all der Unterbrechungen, und die Daten stimmten, da war sie sicher.

»Tun mir ja oft leid, Mütter«, Kurt gesellt sich zu seinem Chef. »Ständig am Rennen.«

»Und dann sind sie weder richtig hier noch da.«

»Meine Frau will frühestens wieder einsteigen, wenn der Jüngste in der Schule ist. Und dann auch nur halbtags.«

»Wir handhaben das auch so. Aber ich verstehe, dass jede Familie anders ist. Da unterstütze ich Linda gern, damit es funktioniert.«

»Find ich super. Heute muss ich übrigens auch mal früher weg. Zur Theateraufführung im Kindergarten. Unserer spielt mit.«

»Gratuliere! Er ist sicher aufgeregt – und ihr wahrscheinlich auch!«

»Natürlich. Wir haben ganz viel geübt. Er ist ein Baum.«

»Alle Achtung! Da bist du sicher richtig stolz!«

Obwohl Peter Linda eigentlich unterstützen will, macht er ihr mit seiner Bemerkung das Leben nicht leichter. Zwar sollen flapsige Kommentare die Stimmung oft aufheitern, aber im Kern erinnern sie alle Beteiligten an die bestehende Norm – und daran, dass einige Teammitglieder ihr weniger gerecht werden. Bei Linda bleibt versteckt im Kopf vermutlich ein schlechtes Gewissen. Nicht nur gegenüber ihrer Tochter und den Kinder-gärtner_innen, die warten, weil sie unbedingt mit ihrem Projekt fertig werden wollte. Auch beschleicht sie womöglich das Gefühl, dass ihr Einsatz für den Betrieb trotzdem nicht groß genug sein könnte. Oder sie empfindet Wut, weil ihr Engagement vom Chef nicht genug gewürdigt wird.

Aber nicht nur in Lindas Kopf kann Peter ungewollt Bedenken auslösen. Auch er selbst ist davor nicht gefeit. Ganz unbewusst kann das »Bleibt immer nur den halben Tag« hängen bleiben und seine Einschätzung beeinflussen, wenn die nächste Beurteilungsrunde ansteht. Dazu kommt, dass Lindas Verhalten tendenziell anders wahrgenommen wird als das der Kollegen. Wenn sie nicht am Arbeitsplatz ist, wird angenommen, sie sei zu den Kindern nach Haus gegangen – Männer vermutet man dagegen im Meeting oder beim Kunden.[190]

In der Einstiegsszene in Kapitel 8 haben wir Julia kennengelernt. Sie hat zwei kleine Kinder und ihr Mann arbeitet Teilzeit. Für den Karriereschritt hat das nicht geholfen, weil die Führungsrunde ihr keinen Job mit Reisetätigkeit zumuten wollte. Das Problem: Geschlechterstereotype sind nicht ausschließlich → *deskriptiv*, sie beeinflussen also unsere Wahrnehmung, wie Männer und Frauen angeblich sind. Sie haben auch eine → präskriptive Komponente, das heißt, es gibt klare Vorstellungen, wie sie sein sollten.

Das kann dazu führen, dass Vorgesetzte es Frauen ermöglichen möchten, die Mutter zu sein, die sie sein wollen – so wie sie es sich selbst denken. Der tatsächliche Wunsch der Mutter dagegen spielt nicht unbedingt eine Rolle. Sie wird gar nicht nach ihrer Meinung gefragt. Weil man sich noch nicht einmal vorstellen kann, dass sie vielleicht andere Wünsche hat. Oder man will ihr die Peinlichkeit ersparen, eine Stelle auszuschlagen, die man ohnehin für ungeeignet hält.

Eltern sind mit unterschiedlichen Erwartungen konfrontiert

Aber nicht nur Mütter ringen mit der Vereinbarkeit von Familie und Beruf. Immer lauter melden sich die Väter zu Wort. 92 Prozent halten die Vereinbarkeit von Beruf und Familie für sehr wichtig, aber jeder Zweite tut sich zuweilen damit schwer. In die Unterstützung ihres Arbeitgebers setzen sie begrenztes Vertrauen: 38 Prozent fürchten finanzielle Einbußen, wenn sie Elternzeit nehmen, jeder Dritte, dass es sich negativ auf die Bewertung der Leistung auswirkt.[191]

Flexible Arbeitszeiten helfen dabei kaum: Um ihre Kinder kümmern sich Väter, die frei über ihre Arbeitszeiten entscheiden, eine Stunde weniger als diejenigen mit festen Arbeitszeiten. Stattdessen machen sie pro Woche 3,5 zusätzliche Überstunden.[192] Schließlich wirken präskriptive Stereotype auch auf Männer. Während die Mutter Druck bekommt, rechtzeitig nach Hause zu den Kindern zu gehen, soll sich der frischgebackene Vater richtig reinhängen. Immerhin hat er jetzt eine Familie zu versorgen.

Mütter werden allerdings nicht nur durch Rollenerwartungen ausgebremst. Sie fallen gleichzeitig dem Umstand zum Opfer, dass zwei Dimensionen maßgeblich dafür sind, wie wir Menschen beurteilen: Kompetenz und Wärme.[193] Dabei verbergen sich hinter »Wärme« Aspekte wie Zuverlässigkeit, Aufrichtigkeit, Gerechtigkeitssinn, Freundlichkeit und die Bereitschaft, anderen beizustehen. »Kompetenz« fragt, ob wir in der Lage sind, Pläne umzusetzen und Ziele zu erreichen. Es geht um unsere Wirksamkeit, um funktionale Fähigkeiten, Selbstvertrauen und Intelligenz – darum, ob wir Respekt einflößen.

Wer Mutter wird, steigert automatisch seine »Wärmewerte«, ebenso automatisch sinkt die Wahrnehmung der Kompetenz. Unmöglich kann sie in dieser Situation noch mit dem Kopf bei der Sache sein. Aber während die angeblich geringere Kompetenz ihre berufliche Entwicklung behindert, bringen die höheren Wärmewerte ihr karrieretechnisch nichts.

Bei Vätern ist das anders. Sie werden als sympathischer wahrgenommen, ohne an Kompetenz einzubüßen.[194] Während es für Frauen daher empfehlenswert ist, zu »covern«, also beispielsweise Termine mit den Kindern nicht zu erwähnen und keine Babyfotos zu zeigen, lohnt sich für Männer die gegenteilige Strategie. Wenn der Stolz aus jedem Knopfloch quillt, kann sich das auch auf die Karriere positiv auswirken.

Freund oder Feind? Und ist das relevant?

Dass Wärme und Kompetenz eine so gewaltige Rolle spielen, wenn wir andere beurteilen, hat einen guten Grund. Sie sind die Antwort auf zwei ganz einfache Fragen:

– Wie stehst du zu mir? Bist du Freund oder Feind?
– Bist du in der Lage, deine Intentionen zu realisieren? Kannst du mir etwas tun?

Selbst wenn mir jemand nicht wohlgesinnt ist, kann ich das getrost ignorieren, wenn er oder sie nicht die Möglichkeit – die Kompetenz – hat, den gemeinen Plänen Taten folgen zu lassen. Und natürlich ist es uns auch bei netten Menschen lieber, wenn wir von all dem Positiven tatsächlich profitieren können, weil sie die Fähigkeit haben, erfolgreich zu sein.

Auf diesem Wärme-Kompetenz-Modell lassen sich entsprechend ganz einfach einige Archetypen abbilden (siehe Abbildung 18).

Geschlechterstereotype haben dabei erheblichen Einfluss auf unsere Einschätzung – nicht ausschließlich, wenn es um Mütter und Väter

Abbildung 18: Nett reicht nicht aus, um Wertschätzung zu erhalten
(auf Basis der Wärme-Kompetenz-Matrix von Amy J. C. Cuddy et al.[195])

geht. Frauen werden zunächst einmal als »warm« wahrgenommen, Männern gelten als kompetent.

Eine Analyse von mehr als 81 000 Beurteilungen beim US-Militär zeigt fast idealtypisch das Problem: Während aufgrund objektiver Bewertungsverfahren die Leistungen von Frauen und Männern vergleichbar waren, unterschieden sich die subjektiven Beurteilungen erheblich. Das häufigste Lob für Frauen war »mitfühlend«. Bei Männern war es »analytisch«, gefolgt von kompetent, athletisch und zuverlässig. Frauen galten dagegen als enthusiastisch, energiegeladen und organisiert.[196] Größtenteils Adjektive, die eher an Goofy erinnern (liebenswert, aber ganz und gar nicht kompetent), als jemanden auszeichnen, dem man sein Leben anvertrauen möchte.

Unterschiedliche Erwartungen bringen Frauen ins Dilemma

Zahlreiche Studien belegen, dass die Erwartung, dass Frauen freundlich und friedlich sind, ihren Aufstieg behindert. »Erfolgreiche Frauen erleben soziale Rückschläge, weil ihr Erfolg und besonders die Verhaltensweisen, die ihn ermöglicht haben, unsere Vorstellungen verletzen, wie Frauen sich zu benehmen haben«, fasst das Marianne Cooper, Soziologin an der Stanford University zusammen. »Frauen sollen nett sein, warm, freundlich und sich um andere kümmern. Wenn also eine Frau durchsetzungsfähig ist oder wettbewerbsorientiert, wenn sie ihr Team zum Erfolg antreibt, wenn sie eine entschlossene und energische Führung zeigt, weicht sie von dem sozialen Skript ab, das vorgibt, wie sie sich verhalten ›sollte‹. Dadurch, das sie die Vorstellungen verletzen, wie Frauen sind, rufen erfolgreiche Frauen bei anderen Widerstand hervor, weil sie nicht weiblich genug sind, sondern zu männlich.«[197] [198]

Gut, mag man denken, es ist schwierig, aber nicht unmöglich. Dann entwickelt sie halt einen ganz eigenen Führungsstil. Versucht es mit mehr Verbindlichkeit, baut auf Konsens und kommt durch Diplomatie ans Ziel. Leider funktioniert auch das nicht wirklich gut, denn wenn Frauen nicht entschlossen auftreten und bei Gelegenheit auch mal auf den Tisch hauen, wird ihnen die Führungskompetenz gerne abgesprochen. Sie befinden sich in einer klassischen Zwickmühle und verlieren, egal was sie tun. »Ich wurde regelmäßig als ›Tussi‹ oder ›Miststück‹ bezeichnet. Zu weich oder zu hart und anmaßend obendrein«[199], fasste Ex-HP-Chefin Carly Fiorina die Situation zusammen.[200] Und gibt damit bereits einen Ausblick auf Kapitel 15 »*Zickenkrieg*«.

Vertrauen aufbauen

Lassen Sie uns zunächst schauen, welche Erkenntnisse und Hilfestellungen das Wärme-Kompetenz-Modell für das eigene Führungsverhalten bietet. Wie man agieren kann, um vom eigenen Team geschätzt oder vielleicht sogar bewundert zu werden. Das ist nicht nur ein prima Gefühl, sondern es hat einen unmittelbaren Einfluss darauf, ob es mir gelingt, Erfolg zu haben. Denn Beschäftigte, die ihren Vorgesetzten vertrauen und ihre Kompetenz schätzen, sind nicht nur zufriedener mit dem Job und fühlen sich weniger gestresst. Es ist auch Voraussetzung dafür, dass »*stretch targets*« – höhere und ambitioniertere Ziele – tatsächlich zu einer besseren Leistung führen.[201]

Die meisten Menschen entscheiden sich, Stärke und Kompetenz zu zeigen, um ihren Führungsanspruch zu untermauern. Mit dieser Strategie liegen sie allerdings falsch. Die Forschung belegt zunehmend, dass es klüger ist, zunächst »Wärme« zu demonstrieren, wenn man Einfluss nehmen und führen will.[202]

Um das zu verstehen, hilft ein zweiter Blick auf die Wärme-Kompetenz-Matrix (siehe Abbildung 19). Sie illustriert, wie unsere Wahrnehmung unterschiedlicher Menschen unsere Gefühle und unser Verhalten beeinflussen.[203] Grundsätzlich sprechen wir Menschen mit hoher Kompetenz einen hohen Status zu. Aber nur wer uns sympathisch ist, wer ein wertschätzendes Verhalten an den Tag legt, kann sich unserer vorbehaltlosen Bewunderung und Unterstützung gewiss sein. Kalten Fischen begegnen wir dagegen mit Eifersucht und Neid. Uns verbindet bestenfalls eine opportunistische Kooperation oder wir versuchen aktiv, sie zu untergraben.[204]

Abbildung 19: Wärme und Kompetenz beeinflussen unsere Einschätzung und unser Verhalten[206]

Wie sich die Wahrnehmung eines CEO auf die Wahrscheinlichkeit auswirkt, dass das Unternehmen ins Visier von Konkurrenten gerät, demonstriert eine Analyse von Fortune-500-Unternehmen. Ein Forschungsteam untersuchte dazu Videoaufnahmen von CEOs und bewertete ihre Auftritte. Dabei zeigte sich, dass diejenigen, die geringe Wärme ausstrahlten, besonders häufig von Wettbewerbern angegriffen wurden. Durch deren Preisgestaltung, mit Konkurrenzprodukten oder Marketingkampagnen und im Zuge der Expansion. Diejenigen, die dazu noch unterwürfig auftraten (geringe Kompetenz), wurden noch öfter zum Ziel feindlicher Angriffe als provokante (hohe Kompetenz) Kandidaten.[205]

Was heißt das für die persönliche Zusammenarbeit?

(Angehende) Führungskräfte, die sich bemühen, aufzutrumpfen und Stärke zu demonstrieren, bevor Vertrauen besteht, triggern Befürchtungen ob ihrer Intentionen – ob man bereit ist, gemeinsam Erfolge zu feiern, oder den anderen bei Bedarf unter einen Bus stößt.

Dass ein solches Verhalten die Effektivität untergräbt, zeigt eine Untersuchung von Zenger Folkmann eindrücklich. »Die meisten Menschen nehmen an, es sei möglich, ein erfolgreiche Führungskraft zu sein, ohne sympathisch rüberzukommen«, sagt Jack Zenger. »Das ist theoretisch richtig, aber die Chancen werden ihnen kaum gefallen. Wir haben die Wahrscheinlichkeit berechnet und sie liegt bei 0,052 %. In einer Untersuchung mit 51 836 Führungskräften haben wir nur 27 gefunden, die in Bezug auf ihre Beliebtheitswerte im unteren Quartil lagen und deren Effektivität als Vorgesetzte im Top-Quartil bewertet wurden.«[207] [208]Das ist eine ernüchternde Quote von 1 zu 2 000.

Was also tun, um Vertrauen aufzubauen?

Es gibt eine ganze Reihe von Möglichkeiten, um den Wärme-Faktor aufzubauen und Beziehungen zu stärken:

- **Begegnen Sie anderen mit Interesse.** Nutzen Sie nonverbale Signale, um Verbundenheit zu zeigen. Augenkontakt, nicken und lächeln werden als Indikatoren für Wärme wahrgenommen. Zeigen Sie Menschen, dass Sie sich freuen, ihnen zu begegnen, und Interesse an ihnen haben. Hören Sie aktiv zu und fragen Sie nach. Konzentrieren Sie sich nicht auf ihre anstehende Entgegnung, sondern darauf, andere wirklich zu verstehen.

- **Fragen Sie, statt zu spekulieren.** Besprechen Sie mit Teammitgliedern, welches deren Prioritäten sind, wie sie sich den weiteren Karriereverlauf vorstellen, statt Annahmen auf der Basis Ihrer eigenen Wünsche oder Ihres Lebensmodells zu treffen. Auch wenn einzelne Karriereoptionen nicht infrage kommen, ist es ein wichtiger Vertrauensbeweis, in Erwägung gezogen zu werden. Akzeptieren Sie ein Nein und nehmen Sie es als Grundlage, um gemeinsam weiterzudenken, statt Menschen von der weiteren Entwicklung auszuschließen.

- **Machen Sie sich verwundbar.** Geben Sie – in angemessenem Rahmen – Dinge von sich selber preis. Berichten Sie, was Ihnen wichtig ist oder was Sie geprägt hat. Teilen Sie eine Anekdote, die typisch ist für Ihr Leben und Ihre Werte. Wer sich selber öffnet, erfährt auch mehr über die anderen und schafft die Voraussetzung für ein wachsendes Vertrauen.

- **Bitten Sie um Hilfe oder Rat.** Geben Sie zu, wenn Sie sich in einer Situation unwohl fühlen oder Sie sie nicht einschätzen können. Laden Sie zu Feedback ein und zeigen Sie, dass Sie es ernst nehmen und darauf aufbauen.

- **Seien Sie empathisch.** Versuchen Sie, sich in die Situation Ihrer Gegenüber zu versetzen. Entdecken Sie Gemeinsamkeiten. Was geht in anderen vor, welche Hoffnungen, Wünsche und Bedenken haben sie?
- **Zeigen Sie, dass Sie Sorgen verstehen und ernst nehmen.** Äußern Sie Mitgefühl und Bedauern, auch wenn Sie eine Situation nicht verschuldet haben.

Frauen tun das regelmäßig. Sie entschuldigen sich, selbst wenn jemand anders einen Fehler macht oder sie anrempelt. Oft werden sie für dieses Verhalten kritisiert. Es wird als Schwäche gedeutet. Dabei schätzen sie die Situation weder falsch ein noch versuchen sie, sich kleinzumachen. Stattdessen vermitteln sie dem Gegenüber unterbewusst, dass sie es ihm nicht übelnehmen und die Beziehung trotz des Vorfalls keinen Schaden nimmt.[209]

Statt das Verhalten zu kritisieren, würde es sich für Männer potenziell lohnen, ihrem Beispiel zu folgen. In einem Experiment sollten sich Teilnehmende von Fremden ein Handy ausleihen. Wer das Gespräch mit einem »Es tut mir leid, dass es regnet« einleitete, war dabei über fünfmal häufiger erfolgreich.[210]

Tipps für ein besseres Miteinander

<u>Seien Sie zunächst lieber vertrauenswürdig als respekteinflößend.</u> Um sich als Führungskraft zu etablieren, ist es klug, zunächst »Wärme« zu zeigen und Vertrauen aufzubauen. Auf dieser Basis stärkt Kompetenz Ihre Position.

Bedenken Sie, dass Väter auch Eltern sind. Dass Müttern fast automatisch ein größeres Interesse an ihren Kindern zugesprochen wird, bringt nicht nur sie in die Bredouille. Wenn er aktiv am Leben seiner Kinder teilnehmen will, werden ihm Angebote, die für Mütter Standard sind, häufig vorenthalten. Das ist nicht nur ungerecht. Es zementiert gleichzeitig traditionelle Sichtweisen auf Familie und Geschlechterstereotype.

Halten Sie sich mit Kommentaren zurück. Selbst wohlmeinende Bemerkungen über das Verhalten von Teammitgliedern können völlig falsch ankommen und eine ganz andere Wirkung entfalten als gewollt. Bemerkungen, welche die Situation in der eigenen Familie mit der anderer Menschen vergleichen, haben dabei maximales Fettnapfpotenzial.

Kapitel 14
Eigenlob stinkt

Wie unsere Erwartungen unser Urteil trüben

»Und dann habe ich gesagt: ›Dann sind wir uns ja einig‹«, Yasmins Begeisterung strahlte aus allen Knopflöchern.

»Naja, er ist ja nun auch wirklich kein schwieriger Kunde. Das hätte jeder hingekriegt«, wandte Kurt ein.

»Das stimmt überhaupt nicht. Wir waren ziemlich lange ...«

»Willst du jetzt emotional werden?«

»Bin ich nicht, aber ...«

»Komm Yasmin, jetzt lass endlich mal jemand anders zu Wort kommen.«

»Sie kann ja praktisch nicht anders. Wusstet ihr das? Frauen sprechen mehr als drei Mal so viel wie Männer.«

»Das ist der Nachteil von Frauen im Team. Wir Männer müssen wirklich zusammenstehen, um auch mal zu Wort zu kommen.«

Obwohl sich der Mythos hält, dass Frauen andauernd reden, belegen wissenschaftliche Untersuchungen das nicht. In einem Experiment mit 400 Studierenden beispielsweise, bei dem ein Digitalrekorder alle 12,5 Minuten für 30 Sekunden das Geschehen erfasste, gab es keine signifikanten Unterschiede zwischen den Geschlechtern. Während die Frauen im Schnitt 16 215 Wörter sprachen, waren es bei den Männern durchschnittlich 15 669. Der auffälligste Unterschied? Bei den Männern war die Verteilung erheblich breiter. Während es der wortkargste Mann im Tagesverlauf nur auf etwa 500 Wörter brachte, gab der redefreudigste beeindruckende 47 000 Wörter von sich. Linguistik-Professor

Mark Liberman von der University of Pennsylvania spekuliert, dass die Legende der viel sprechenden Frauen von einem Eheberater erfunden wurde als Parabel für Paare mit Kommunikationsproblemen. »Andere haben das dann aufgegriffen und weiterverbreitet. Die Zahlen passen sie dann jeweils an den eigenen Geschmack an.«[211]

Im Job sprechen Männer deutlich mehr

Während im Alltag weitestgehend Gleichstand herrscht, gestaltet sich der Redeanteil von Männern und Frauen im professionellen Kontext und in Besprechungen grundsätzlich anders. So waren in einem Linguistik-Forum die Kommentare von Männern im Schnitt doppelt so lang wie die von Frauen.[212] Die Aufzeichnung von sieben Fakultätsmeetings zeigte, dass auch hier – mit einer Ausnahme – Männer öfter und grundsätzlich länger sprachen. Der längste Kommentar einer Frau war kürzer als der kürzeste von irgendeinem der teilnehmenden Männer. Während sich Männer mit steigender Position oder wenn sie sich mächtiger fühlen, außerdem deutlich mehr Raum nehmen, ist bei Frauen eine solche Korrelation nicht messbar.[213]

Die Möglichkeit zu ausschweifenden Bemerkungen bietet sich unter anderem, weil Frauen öfter unterbrochen werden. Wenn das geschieht, neigen sie dazu, ihren Kollegen das Feld zu überlassen. Auch Männer fallen sich gegenseitig ins Wort, aber sie reagieren tendenziell anders. Statt zu stoppen, bringen sie auch dann ihren Punkt eher zu Ende.[214]

Einer der Gründe, warum sich Frauen zurückhalten und nicht über andere »hinwegreden«, ist die Befürchtung, als »zu aggressiv« rüberzukommen[215], gegen Geschlechterstereotype zu verstoßen und dafür abgestraft zu werden. Die Sorge ist absolut nicht unbegründet. Übermäßig oft geht es beim Feedback für Frauen um ihren Kommunikationsstil und sie sind dreimal häufiger mit der Rückmeldung konfrontiert, sie seien zu aggressiv.[216] Auch wenn sie verhandeln, werden sie leichter kritisiert. Frauen, die sich für eine Beförderung engagieren, werden mit 30 Prozent höherer Wahrscheinlichkeit als Männer als »einschüchternd«, »verbissen« oder »rechthaberisch« beurteilt – und sogar 67 Prozent öfter als diejenigen Frauen, die auf derartige Verhandlungen verzichten.[217]

Diese Befürchtungen macht es Männern leicht, sich den gewünschten Raum zu nehmen. Es ist wie im Flugzeug, wo viele lieber neben Frauen sitzen. Auch die Armlehne geben sie schließlich tendenziell eher her. Das führt dazu, dass manche Männer – zumeist unbewusst – Frauen als das leichtere Ziel ausmachen, wenn sie in einer Besprechung zu Wort kommen wollen.[218]

Ein Grund, warum es akzeptabel wirken kann, die Ausführungen einer Frau zu unterbrechen: Ihr Beitrag zum Gruppenergebnis wird oft übersehen oder unterschätzt. Der Preis mag also geringer erscheinen. In einem Experiment galt es bei einer Teamarbeit, die Kompetenz der Beteiligten, ihren Einfluss auf das Ergebnis sowie das Führungsverhalten zu bewerten. Wer nur das Gesamtergebnis kannte, hat grundsätzlich die Rolle der Frau unterschätzt. Nur wenn ihr Beitrag transparent war oder die Urteilenden informiert wurden, dass sie in anderen Projekten durchgängig positive Leistung geliefert hatte, schloss ihre Bewertung zu der des Mannes auf.[219]

Frau oder freundlich – mit manchen Themen nicht vereinbar

Dass Expertise Frauen nicht hilft, zeigt auch eine Übung, in der es galt, einem Buschfeuer zu entkommen. Eine solche Aufgabe wird als klassisch »männliche« gesehen, obwohl sich in dem Experiment keine Unterschiede zwischen den Ergebnissen von Frauen und Männern zeigten. Im Vorfeld sollten alle individuell entscheiden, welche Ausrüstung die höchsten Chancen zum Überleben bot. Diejenigen, deren Einschätzung am besten mit der von Menschen übereinstimmte, die sich tatsächlich auskennen, wurden dann als Expertinnen und Experten unterschiedlichen Gruppen zugewiesen. Unabhängig vom persönlichen Ergebnis wurden Frauen grundsätzlich als weniger kompetent wahrgenommen und es gelang ihnen kaum, auf die Gruppe Einfluss zu nehmen. Ihre Empfehlungen wurden vom Tisch gewischt und sie wurden persönlich disqualifiziert. Teams mit Expertinnen schlossen entsprechend schlechter ab als diejenigen, die von einem Mann angeleitet wurden. Aber während sich die Frauen ihres geringen Einflusses sehr deutlich bewusst waren, plagten Männer keine entsprechenden Zweifel: Ob Experte oder nicht, sie waren gleichermaßen überzeugt, einen maßgeblichen Beitrag zum Überleben der Gruppe geleistet zu haben.[220]

Ein überbordendes Selbstbewusstsein zeigten Männer auch in einer anderen Untersuchung. In ihr sollten die Beteiligten selbst eine »Führungskraft« auswählen, die in Vertretung für das Team eine Matheaufgabe löst. Seine oder ihre Leistung würde dann das Ergebnis für jedes Gruppenmitglied definieren. Erfahrung mit der Art von Aufgabe hatten alle: Eine vergleichbare hatten sie bereits vor 15 Monaten gelöst. Die Beteiligten hatten fünf Minuten, um zu entscheiden, wer sie vertreten sollte – und entschieden sich überwiegend für einen Mann. Der Grund? Die vergangenen Ergebnisse formten eine wichtige Basis für die Wahl und die Männer schienen besser abgeschlossen zu haben. Leider überschätzten sie ihr damaliges Ergebnis um rund 30 Prozent. Und während das eigentliche Ergebnis tatsächlich ein guter Indikator für die Kompetenz war, galt das für die aufgeblasene Selbsteinschätzung nicht. Die verhalf Männern zwar zur Führungsposition, allerdings kam das die Gruppe anschließend teuer zu stehen.[221]

Als je »männlicher« ein Thema gilt, desto schwerer wird es für Frauen, ernst genommen zu werden und für ihre Ideen zu kämpfen. Ist in einer Diskussion das Geschlecht der Beteiligten unbekannt, hält sich das Engagement von Frauen und Männern die Waage und ihre Beiträge werden von den anderen gleichermaßen gewürdigt. Sind sie als Frauen zu erkennen, ändert sich das – besonders wenn sie allein einer Gruppe männlicher Gesprächspartner gegenüberstehen. Um negative Reaktionen hervorzurufen, reicht dabei schon der Eindruck, Frau zu sein. Dem fallen dann auch nette Männer zum Opfer: Bei einer Analyse von Chatverläufen wurden hinter freundlichen Kommentaren grundsätzlich Frauen vermutet. Wer als negativ oder kritisch rüberkam, galt automatisch als Mann. Ideen von netten Menschen – auch Männern – wurden unabhängig von ihrer Qualität als weniger relevant abgetan.[222]

Der unfaire Gegenwind bleibt nicht ohne Konsequenzen. Wenn die Kompetenz von Frauen regelmäßig angezweifelt wird, kann das zur sich selbst erfüllenden Prophezeiung werden. Sie verlieren das Interesse, einen Beitrag zu leisten, verlieren Selbstvertrauen und zensieren sich selbst. Dass sie weniger sichtbar sind, gilt dann als Beleg, dass es sich – wie stets vermutet – um eine »Männerdomäne« handelt, in der Frauen einfach nichts beizutragen haben. So verfestigen sich Geschlechterstereotype und Gruppen erreichen nicht ihr volles Potenzial.[223]

Während die deutsche Wirtschaft über den Fachkräftemangel – besonders in MINT-Fächern – klagt und händeringend versucht, junge Mädchen für Mathematik, Physik und IT zu begeistern, um das Problem zumindest mittelfristig aufzugreifen, verlassen Frauen in Scharen den Bereich. Eine Untersuchung auf der Basis einer Längsschnittstudie des U.S. Bureau of Labor Statistics zeigt, dass innerhalb von 12 Jahren die Hälfte der Technikerinnen – vor allem im Ingenieurswesen und der IT – den Job aufgegeben hat und sich in anderen Feldern neu orientiert.[224] Ausschlaggebend dafür war Unzufriedenheit mit der Arbeitsstelle und die Überzeugung, dass nur durch einen Wechsel der Schritt auf die nächste Ebene gelingen kann.

Unterschiedliche Standards machen Frauen zu schaffen

Gleichzeitig haben Frauen noch mit anderen Ungerechtigkeiten und ungleichen Maßstäben zu kämpfen. Während Männer tendenziell aufgrund ihres Potenzials befördert werden, sind Frauen seltener »schon so weit« und müssen ihre Eignung zweifelsfrei bewiesen haben, bevor sie die Chance auf eine vergleichbare Position bekommen.[225] Zunehmend ziehen sie daraus Konsequenzen. Eine deutsche Großbank musste feststellen, dass Frauen das Unternehmen nicht – wie zunächst vermutet – verließen, weil sie nach einer besseren Work-Life-Balance strebten. Stattdessen traten sie beim Wettbewerb diejenigen Positionen an, die ihnen beim alten Arbeitgeber verwehrt blieben.[226]

Auch vage Konzepte bringen Frauen zu Fall. Nicht nur, dass sie eher als »warm« statt »kompetent« angesehen werden und damit schon grundsätzlich mit klassischen Vorstellungen von »Führung« im Widerspruch stehen. Begriffe wie »Präsenz« oder »Führungsstärke« aktivieren zudem das Bild eines »üblichen«, das heißt männlichen Vorgesetzten und schüren die Erwartung, dass Bewerbende bekannten Mustern gerecht werden. Weil selten klar formuliert wird, was sich hinter den Begriffen tatsächlich verbirgt, wie es sich ausdrückt und was es erreichen soll, führt das regelmäßig dazu, dass vielversprechende Kandidatinnen von Führung und spannenden Aufgaben ausgeschlossen werden, obwohl sie die erforderlichen Fähigkeiten mitbringen.

Statt auf ihre Fähigkeiten werden Leistungen von Frauen zudem häufig auf Glück zurückgeführt oder darauf, dass sie schlicht mehr Zeit gehabt hätten, um sich um etwas zu kümmern.[227] Wenn es aber einmal schiefläuft, werden sie kritischer betrachtet als ihre männlichen Kollegen. Während sein Fehler jedem hätte passieren können, hat sie es einfach verbockt. Und eine schwache Leistung oder eine schlechte Entscheidung hat für sie weit größere Konsequenzen. Sie wird als symptomatisch wahrgenommen – als ultimativer Beweis, dass sie es eben doch nicht draufhat. Und – dank stereotypischer Wahrnehmung – es weckt gleich auch noch Zweifel bezüglich der Qualifikation anderer Frauen.[228]

Dass Frauen seltener die richtigen Voraussetzungen mitbringen, liegt auch daran, dass sich diese gerne mal verändern. Denn unser Verstand hat eine ausgeprägte Fähigkeit dazu, passend zu machen, was nicht passt. In einem Experiment sollten jeweils eine Kandidatin und ein Kandidat für einen stereotypisch »männlichen« Job evaluiert werden. Den Beurteilenden wurde mitgeteilt, dass sowohl Ausbildung als auch Arbeitserfahrung für die Funktion wichtig seien. Von den Bewerbenden brachte der oder die eine mehr Erfahrung, der oder die andere die höhere formelle Qualifikation mit. Grundsätzlich wurde der Mann für den »Männer-Job« bevorzugt. Die Argumente stützten sich dabei auf die jeweils passenden Fakten. Wenn er mehr Erfahrung hatte, wurden diese höher bewertet. Hatte er höhere akademische Weihen, waren die besonders wichtig. Einigte man sich dagegen auf maßgebliche Einstellungskriterien, bevor das Geschlecht von Bewerbenden sichtbar war, hatten Männer und Frauen gleiche Chancen.[229]

Aber selbst wenn es in der Auswahl fair zugeht, ist die Geschichte nicht zu Ende. Erinnern Sie sich an das »blinde Vorspielen«, das so wirksam war, um Frauen den Weg in Top-Orchester zu ebnen? Erst im Februar 2019 hat sich das Boston Symphony Orchestra in einem Verfahren mit seiner 1. Flötistin geeinigt. Sie verdiente weniger als die – männlichen – Leiter aller anderen Instrumentengruppen und rund 25 Prozent weniger als die 1. Oboe. Mit der Leistung hatte das offensichtlich wenig zu tun. Als Holzbläser sind nicht nur die Instrumente relativ vergleichbar, sondern auch die Aufgaben, die mit der Rolle verbunden sind. Zudem hob der Oboist hervor, dass die Kollegin »eine absolut gleichwertige Künstlerin ist und die Bezahlung, die ich erhalte, mindestens so sehr verdient.«[230] Besonders traurig ist, dass sich der Fall in einem Orchester ereignete, das sich für seine Bemühungen um Fairness rühmt und zuallererst das blinde Vorspielen eingeführt hatte.[231] Eine Stelle zu bekommen ist eben nur der erste Schritt. Auch noch im Anschluss bieten sich zahlreiche Möglichkeiten für eine Diskriminierung.

Veränderungen systematisch angehen

Es gibt eine Menge zu tun. Vielleicht mehr, als erwartet. Aber wir haben es in der Hand, Dinge zu verändern. »Starte damit, dass du akzeptierst, dass unser Verstand ein stures Biest ist«, rät Iris Bohnet, Professorin für Behavioral Economics an der Harvard-Universität. »Es ist schwierig, unsere Biases zu überwinden, aber wir können Organisationen so designen, dass wir es unserem unfairen Verstand leichter machen, es richtig hinzukriegen.«[232][233]

Eine ganze Reihe von Instrumenten für fairere Führung habe ich in den vergangenen Kapiteln bereits vorgestellt: ein Verfahren, um in Bewerbungsgesprächen Vergleichbarkeit herzustellen. Einige Modelle, um zu visualisieren, wie ich zu unterschiedlichen Menschen stehe und um meine Sicht auf sie zu überprüfen, wie die verschiedenen Matrizen oder die Tools zur Netzwerkanalyse. Strategien und Instrumente, um Vertrauen aufzubauen und Menschen besser kennenzulernen. Das Unconscious Bias Cheat Sheet, das hilft, sich auf bestehende Herausforderungen zu konzentrieren und dadurch fairer zu entscheiden.

Ein weiteres hilfreiches Instrument, um Veränderungen systematisch anzugehen, sind Checklisten. Sie haben in den letzten Jahren einen Siegeszug durch immer mehr Branchen angetreten, denn sie greifen eine verbreitete Schwierigkeit auf. In der Vergangenheit ist die Lösung eines Problems ganz oft daran gescheitert, dass wir nicht das erforderliche Wissen oder die notwendigen Informationen hatten. Heute ist mangelnde Information ganz oft die geringste Sorge. Stattdessen gilt es angesichts einer überwältigenden Flut von Daten und Eindrücken, nicht die Orientierung zu verlieren.

Checklisten sind kein sonderlich modernes Tool. Sie sind ausgesprochen low-tech und ohne Klimbim. Aber sie haben einen unschlagbaren Vorteil: Sie helfen uns, innezuhalten, zu reflektieren, und sie halten uns auf Kurs. Warum? Weil wir gelassen überlegen können, was uns wichtig ist und welche Prioritäten wir setzen, bevor unser Verstand in der Hitze des Gefechts auf Autopilot schaltet.

Checklisten fürs Team

Checklisten fürs Team haben einen weiteren Vorteil. Sie helfen, Vereinbarungen einzuhalten, und geben Mitgliedern die Macht beziehungsweise die Erlaubnis, auf die Einhaltung von Vereinbarungen und Regeln zu pochen, selbst wenn sie es sonst vermieden hätten.

Wie lassen sich solche Vereinbarungen entwickeln? Überlegen Sie mit Ihrem Team, welche Situationen oder Verhaltensweisen zu Ungerechtigkeiten führen. Kommen einige immer zu spät zum Teammeeting und halten andere auf? Gibt es einige, die besonders viel sprechen und niemanden sonst zu Wort kommen lassen oder werden manche oft unterbrochen? Liefern die einen zuverlässig ab und andere sehen die Dinge eher gelassen? Wenn Sie wissen, was es zu verändern gilt, bieten sich diese fünf Schritte an:[234]

1. Überlegen Sie gemeinsam, welche Lösungen jemand kennt, die in der Vergangenheit oder in anderem Kontext funktioniert haben.
2. Definieren Sie auf dieser Basis relevante Verhaltensweisen. Wenn

zum Beispiel mehr Menschen zu Wort kommen sollen, nutzen sie einen Timer, um Statements kurz zu halten, oder verständigen Sie sich darauf, grundsätzlich einmal um den Tisch zu gehen, um zu sehen, wer alles einen Beitrag leisten möchte. Starten Sie dabei lieber bei Menschen, die sich tendenziell kürzer fassen. Das funktioniert – bei den meisten – auch als Primer dafür, was aktuell gefragt ist, und definiert einen gemeinsamen Standard.

3. Nehmen Sie sich nicht zu viel vor. Konzentrieren Sie sich zunächst auf maximal fünf Regeln. Wenn die zum Automatismus geworden sind, können Sie sich neuer Themen annehmen.

4. Machen Sie einen Plan und definieren Sie Verantwortlichkeiten.

5. Überlegen Sie sich, wie Sie mit Regelverstößen umgehen. Für das »Chauvi-Schwein«, in das für üble Sprüche gezahlt werden musste, besteht hoffentlich inzwischen nur noch selten Bedarf. Aber es war eine Möglichkeit, um Vereinbarungen Nachdruck zu verschaffen.

Eine Checkliste für Teammeetings könnte so aussehen:

- Damit sich alle vorbereiten können, steht die Agenda mit erforderlichen Hintergrundmaterialien am Tag vor dem Meeting zur Verfügung.
- Im Meeting fragen die Verantwortlichen für die verschiedenen Themen alle Teilnehmenden, ob sie einen Beitrag oder Kommentar haben. Alle müssen sich äußern, selbst wenn sie nur sagen, dass das nicht der Fall ist.
- Alle Teammitglieder sind während des Meetings dafür verantwortlich, Feedback und Ideen von anderen einzuholen.
- Bei allen Themen wird gezielt nach abweichenden Meinungen gefragt.
- Bei jedem Agendapunkt beziehungsweise Meeting wird die Reihenfolge, in der die Teammitglieder Kommentare abgeben, geändert, sodass alle einmal zuerst ihre Meinung sagen oder zunächst anderen zuhören.

Berühmt für ihre Checklisten waren Van Halen. Sie hatten für jedes Konzert genaueste Vorgaben. Sogar die Forderung, dass backstage eine Schale mit M&Ms bereitstehen muss, aus der alle braunen entfernt sind, war in den Tiefen des Vertrags versteckt. War die nicht erfüllt, bestand das Recht, das Konzert abzusagen, und der Veranstalter musste trotzdem zahlen. Was wie eine absurde Forderung von jemandem klingt, dem es offensichtlich zu gut geht, war eine ausgeklügelte Strategie. Es sollte eine einfache Möglichkeit sein, um zu überprüfen, dass die Vorgaben der Band zuverlässig abgearbeitet worden waren. »Wenn ich backstage kam und braune M&Ms in der Schale sah, wurde die komplette Produktion überprüft«, berichtet David Lee Roth in seinen Memoiren. »Und jedes Mal gab es auch technische Fehler. Mit Sicherheit hattest du ein Problem.«[235] [236]

Checklisten für Personalentscheidungen

Persönliche Checklisten lohnen sich vor allem dort, wo ich gerne Abkürzungen nehme. Wo ich schon erlebt habe, dass sich Fehler oder Ungerechtigkeiten eingeschlichen haben oder ich den Gedanken zumindest nicht ganz vermeiden kann. Einige Ideen sind Ihnen ja vielleicht schon beim Lesen gekommen.

In der Baubranche kommt bei der Zusammenführung verschiedener Gewerke ein »Clash Detective« zum Einsatz. Das ist eine Software, die überprüft, wo sich Probleme ergeben und die Verantwortlichen daher genauer hinsehen und sie adressieren müssen. Checklisten geben Ihnen die Möglichkeit, Ihren persönlichen »Detektiv für Zusammenstöße« zu entwickeln: Hierfür überlegen Sie sich vorher, wann sich Fehler einschleichen, wann Ihre Handlungen eventuell mit Ihren Werten kollidieren – bei welchen Gelegenheiten, bei welchen Menschen. Dann planen Sie einen Stopp ein, ein Innehalten, um nicht blind in eine Situation zu stolpern, sondern sie überlegt anzugehen. Welches sind Ihre Trigger? Was beeinflusst Ihr Verhalten? Welche Informationen interpretieren Sie eventuell falsch? Was übersehen Sie vielleicht? Notieren Sie sich, wonach Sie Ausschau halten wollen.

Nicht nur unstrukturierte Interviews sind eine ideale Brutstätte für Vorurteile, auch bei Beurteilungen und anderen Entscheidungen hilft es, klare Kriterien und Strukturen zu definieren, die für alle Beteiligten gelten. Damit lassen sich Präferenzen und Stereotype besser in Schach halten.

Schreiben Sie auf, was Sie gewährleisten müssen, damit alle fair behandelt werden. Für die Personalbeurteilung muss es zum Beispiel mit allen eindeutige Vereinbarungen geben, wo ihre Prioritäten liegen. Das sollte natürlich möglichst früh im Jahr festgelegt und festgehalten werden. Und wenn es im Jahresverlauf Abweichungen gibt, gehören auch die besprochen und erfasst.

Definieren Sie grundsätzlich, wonach Sie schauen und wie Beispiele des gewünschten Verhaltens aussehen können. Wo Kandidatinnen und Kandidaten den Anforderungen nicht gerecht werden, hinterfragen Sie das Urteil. Notieren Sie Beispiele. Kontrollieren Sie, ob Sie bei anderen die gleichen Standards angelegt haben oder ob Abweichungen bestehen. Selbst wenn die Entscheidung bestehen bleibt, haben Sie damit beste Voraussetzungen, um den Enttäuschten detaillierte Rückmeldungen zu geben und Maßnahmen zu vereinbaren, die Lernfelder adressieren.

Wenn Sie dann Beurteilungen schreiben, überprüfen Sie, dass sie formal und inhaltlich vergleichbar sind, dass sie etwa die gleiche Länge haben, relevante Beispiele enthalten und dass Ton und Wortwahl tatsächlich das ausdrücken, was Sie vermitteln wollen. Wie wichtig das ist, zeigte sich anhand einer Untersuchung von Empfehlungsschreiben. Die für Frauen waren tendenziell kürzer als die für Männer. Sie waren weniger lobend und enthielten stattdessen anscheinend positive Aussagen, die gleichzeitig Zweifel weckten. Außerdem erwähnten sie seltener ihren beruflichen Status und die hervorgehobenen Leistungen folgten Geschlechterstereotypen (sie hat unterrichtet, er geforscht).[237]

Obwohl sie das Leben leichter machen, werden Checklisten oft müde belächelt. »Ich kann das auch so« oder »Ich habe Erfahrung«, denkt man dann. Wer das glaubt, könnte sich Flugkapitän Chesley B. Sullenberger III zum Vorbild nehmen – Sully, den Helden vom Hudson. Er hatte 20 000 Stunden Flugerfahrung. Aber als man nach der Notwasserung den Voice-Rekorder aus dem Cockpit auswertete, hörte man darauf ihn und seinen Co-Piloten, wie sie systematisch ihre Checkliste durchgingen.[238]

Tipps für gerechte Entscheidungen

Wechseln Sie die Beteiligten aus. Überlegen Sie sich, ob Sie auf einen Menschen beziehungsweise eine Situation anders reagieren würden, wenn Handelnde eine andere Demografie hätten. Wenn sie ein anderes Geschlecht hätten, eine andere Nationalität, eine andere Hautfarbe oder einen anderen Dialekt. Wenn sie jünger oder älter wären.

Definieren Sie Anforderungen. Machen Sie transparent, was Sie erwarten. Erfolgverspechende Verhaltensweisen können sich für verschiedene Menschen unterscheiden. Definieren Sie das Ziel, statt vorauszusetzen, dass für alle der gleiche Weg dorthin führt.

Legen Sie gleiche Standards an. Überprüfen Sie, dass Sie gleiche Anforderungen an unterschiedliche Menschen stellen. Dass Sie Regeln nicht unterschiedlich streng anlegen. Dass gleiche Voraussetzungen gelten, unabhängig, um wen es geht.

Verlassen Sie sich mehr auf Notizen als auf Ihre Erinnerung. Notieren Sie bei Teammitgliedern, die Sie weniger gut kennen, Dinge, die Sie beindruckt haben. Was Ihnen bei denjenigen, die Ihnen nahestehen, automatisch einfällt, wird sonst leichter übersehen.

Holen Sie sich Hilfe. Ermächtigen Sie Teammitglieder, mit Ihnen gemeinsam für Fairness zu sorgen, zum Beispiel durch den Einsatz von Checklisten.

Kapitel 15

Zickenkrieg

Warum es wichtig ist, sich für andere einzusetzen

»Was ist denn mit deiner Yasmin los? Sonst war die doch immer ein echter Sonnenschein. In letzter Zeit wirkt sie genervt und kurz angebunden.«

»Ich habe keine Ahnung. Ich hatte Michaela aus dem Marketing gebeten, mal mit ihr zu sprechen. So unter Frauen. Aber sie wollte nicht. Hatte keine Zeit und fühlte sich nicht zuständig.«

»Hört man ja immer wieder. Haben sie es einmal nach oben geschafft, dulden Frauen keine andere neben sich.«

»Ich bin davon extrem enttäuscht. Wie soll sich denn etwas verändern, wenn sich noch nicht mal Frauen gegenseitig unterstützen? Ist doch kein Wunder, dass dann nur geredet wird und nichts passiert.«

Noch immer geistert die Idee vom »Queen-Bee-Syndrom« durch die Köpfe – die Vorstellung von Führungsfrauen, die wie Bienenköniginnen andere am Aufstieg hindern. Im Gespräch fallen allen dann einige Fälle ein, in denen sich Frauen anderen gegenüber gar nicht nett verhalten haben. Anschließend zuckt man leicht resigniert die Schultern, lehnt sich zurück und denkt, die Situation sei wohl fast aussichtslos.

Ein totes Konzept zuckt weiter vor sich hin

Das ist nicht fair. Der Begriff der »Queen Bee« wurde in einer Studie 1974 – vor fast 50 Jahren – geprägt und laut den Forschenden schon damals falsch interpretiert.[239] »Ich denke, Menschen haben den Begriff missverstanden«, sagt Toby Jayaratne, Co-Autor der Studie. »Was sie übersehen haben, war das politische Umfeld und das sexistische Klima, das dazu geführt hat.«[240] Stattdessen sei das Konzept zu einem überholten sexistischen, negativen Stereotyp mutiert. »Es gibt nie ein ›Rattenkönig‹-Syndrom«, ergänzt Forschungspartnerin Carol Tavris. »Ein wütender Mann ist ein wütender Mann, aber eine wütende Frau ist eine ›Bitch‹«.[241] [242]

Was hat denn dazu geführt, dass dieses Bild im letzten Jahrhundert entstanden ist?

Zum einen, dass Menschen, die einer unterrepräsentierten Gruppe angehören, oft die Notwendigkeit sehen, sich von anderen Mitgliedern zu distanzieren. Weil Menschen »wie sie« im Unternehmen eigentlich nicht nach oben kommen. Dieses »Covern« kennen Sie aus Kapitel 2. Dabei werden typische Züge der Mehrheitsgesellschaft nicht nur kopiert, sondern bis ins Extreme hervorgekehrt, um ja nicht den Eindruck irgendwelcher Gemeinsamkeiten mit den anderen zu erwecken.[243] Erschwerend kommt noch die Befürchtung dazu, der Begünstigung verdächtigt zu werden, wenn sich eine Frau für eine andere einsetzt.[244]

Ein weiterer Grund ist die Erfahrung, dass man selbst mehr leisten musste, um Erfolg zu haben. Dann werden von anderen Frauen höhere Standards eingefordert, weil sie offensichtlich für den Erfolg erforderlich sind. Zudem haben deren Fehler potenziell für einen selbst Konsequenzen. Wenn man der gleichen Fremdgruppe angehört, kann das Verhalten eines Mitglieds auf andere abfärben.[245] Auch heute noch befürchten zuweilen junge Frauen, weniger Entwicklungsmöglichkeiten zu erhalten, wenn eine Kollegin schwanger wird. Immerhin erinnern sie Vorgesetzte daran, dass das auch bei ihnen möglich wäre.

Und schließlich gibt es noch den sogenannten »Tokenismus«. Davon spricht man, wenn als Alibi eine Frau in eine Führungsposition berufen wird – eine, auf die man entspannt zeigen kann, wenn es Kritik bezüglich eines ansonsten männlichen Führungsteams gibt. Hat man eine, gibt es in solchen Fällen für weitere Frauen keinen Platz mehr. Das kann dazu führen, dass die einmal erworbene Position mit Zähnen und Klauen verteidigt wird. So was gibt es nicht, mag man denken, mit ein bisschen Unterstützung würden andere schon folgen. Gibt es doch, sagt die Wissenschaft. In einer Untersuchung der 1500 größten

Unternehmen der USA über 20 Jahre wurde deutlich, dass Frauen es leichter nach oben schafften, wenn eine Frau das Unternehmen leitete. Wenn allerdings eine Frau ins Führungsteam eines Unternehmens mit männlichem CEO berufen wurde, war die Wahrscheinlichkeit, dass eine weitere folgte, um 50 Prozent geringer.[246]

Ein ähnlicher Trend zeigt sich heute bei der Frauenquote in Aufsichtsräten, wenn auch auf höherer Basis. Nachdem zunächst der Frauenanteil kontinuierlich stieg, stagnierte die Entwicklung, seitdem die gesetzlich vorgegebene Zielzahl erreicht wurde, beziehungsweise ist seitdem sogar wieder leicht rückläufig.[247] Ganz offensichtlich ist in vielen Unternehmen noch immer nur Platz für genauso viele Frauen, wie eben erforderlich. Die »Alibi-Logik« würde auch bedeuten, dass die Unterstützung von Frauen untereinander steigt, wenn ihre Anzahl in Führungspositionen wächst. Und tatsächlich unterstreichen Untersuchungen längst diese These.[248] Frauen, die im Rahmen ihrer Karriere Unterstützung von anderen erhalten haben, neigen eher als ihre männlichen Kollegen dazu, nachfolgenden zu helfen.

»Es gibt einen speziellen Platz in der Hölle für Frauen, die anderen Frauen nicht helfen«[249], weiß Ex-US-Außenministerin Madeleine Albright, und die meisten sehen das offensichtlich genauso. Im Endeffekt, sagt Carol Tavris, hängt unser Verhalten davon ab, »wie sicher wir uns im Job fühlen. Gibt unsere Arbeit uns die Chance aufzublühen? Oder fühlen wir uns auf Schritt und Tritt ausgebremst?«[250] [251]

Stereotype und Vorurteile wirken fort

Woran liegt es, dass sich die Idee trotzdem so eisern hält? Dass so viele Menschen an Zickenkriege glauben?

Ein wichtiger Aspekt ist der → *Fremdgruppen-Homogenitätseffekt*. Das Verhalten eines Mitglieds einer Fremdgruppe – der Out-Group – wird als typisch für alle betrachtet. Es gibt so wenig Frauen in Top-Positionen, dass ganz oft das Verhalten von einer die Sicht auf andere prägt. Und natürlich gibt es Frauen, die nerven, genauso wie es solche Männer gibt.

Dazu kommt dann noch der Bestätigungsfehler (*confirmation bias*). Er sorgt dafür, dass man sieht, was man erwartet. Menschen suchen aktiv nach den Informationen, die ihre Annahme bestätigen, oder nehmen sie bevorzugt wahr. Dagegen werden Fakten, die mit der eigenen Vorstellung nicht übereinstimmen, versehentlich, aber geflissentlich übersehen. Wenn ich davon ausgehe, dass es Bienenköniginnen gibt, springt mir entsprechendes Verhalten unmittelbar ins Auge. »Aha«, denke ich, »schon wieder!«. Die Erinnerung fügt sich dann nahtlos in meine Weltsicht ein und ich bin zufrieden, denn ich habe es schließlich schon immer gewusst.

Ein weiterer Grund sind – wieder einmal – Geschlechterstereotype: die unterschiedlichen Erwartungen, die wir an Frauen und Männer haben. Es geht um Wärme und Kompetenz und um die Mindeststandards, die wir für unterschiedliche Menschen anlegen. Während es sich für Männer im wahrsten Sinne lohnt, sich für andere einzusetzen, wird das gleiche Verhalten bei Frauen schlicht vorausgesetzt.[252] Und wenn sie weniger freundlich ist, als erwartet, fällt das so richtig auf. So wird, wer als Frau kritisches Feedback gibt, weniger gemocht und mit geringerer Wahrscheinlichkeit eingestellt als Männer, die das Gleiche sagen.[253] Frauen stecken also in der schon beschriebenen Zwickmühle, Führungsstärke zu demonstrieren und dafür abgestraft zu werden oder freundlich zu sein und deshalb nicht voranzukommen.

Unterstützung beflügelt Karrieren

Die Sicht, dass Frauen selber schuld sind, ist ziemlich bequem. Sie kann eine praktische Entschuldigung sein, um zu erklären, warum die Dinge sind, wie sie sind. Und warum Männer nichts, aber auch gar nichts mit der Situation zu tun haben. Dabei ist das Gegenteil der Fall. Wenn Männer aktiv werden, kann das Karrieren beflügeln. Beschäftigte, die von Männern unterstützt werden, verdienen mehr, werden häufiger befördert und sie sind mit der Entwicklung ihrer Karriere zufriedener. Frauen profitieren dabei noch stärker, denn die Rückendeckung hilft ihnen, mit den zahlreichen Barrieren umzugehen, die ihre Karriere behindern. Zudem verspüren sie eine größere psychologische Sicherheit.[254] Aber leider haben Frauen nur halb so oft jemanden, der sich für ihre Karriere starkmacht, wie ihre männlichen Kollegen.[255]

Oft wird dabei in zwei Kategorien gesprochen: → *Mentoring und Sponsoring*. Der Unterschied? »Ein Mentor spricht mit dir und ein Sponsor über dich«[256], fasst die Organisation Catalyst es kurz zusammen.[257] Während beim Mentoring jemand als Sparringspartner_in fungiert und mit Ihnen berufliche Herausforderungen bespricht und mögliche Strategien diskutiert, machen sich Sponsor_innen in ihrem Umfeld für Sie stark. Sie helfen Ihnen, relevante Kontakte aufzubauen, bringen Sie ins Gespräch und legen den eigenen Namen in die Waagschale, um Sie zu unterstützen.

Da kann es kaum verwundern, dass Sponsorship – anders als Mentoring – einen messbaren Einfluss auf die Karriere hat. Wer Menschen sponsort, glaubt an sie und lässt dieser Überzeugung Taten folgen. Leider haben mehr als zwei Drittel von ihnen das gleiche Geschlecht und die gleiche Ethnie wie diejenigen, die sie unterstützen.[258] Sie engagieren sich für Menschen, die ihnen ähnlich sind, mit denen sie sich wohlfühlen und denen sie auf Schritt und Tritt begegnen.[259]

#Metoo hat das nicht leichter gemacht. Während die einen den Aufschrei als bequeme Ausrede nehmen, verunsichert er andere. 64 Prozent der Männer in den oberen Führungspositionen und 50 Prozent der weiblichen Talente geben an, dass sie Bedenken haben, eine solche Eins-zu-eins-Beziehung einzugehen.[260] Sie befürchten, Kolleg_innen könnten eventuell vermuten, dass hinter den gemeinsamen Treffen etwas ganz anderes steckt als berufliche Unterstützung. Selbst wenn man das nachvollziehen kann, sind die Konsequenzen unfair. Und klug ist es auch nicht.

Vielfalt und eine inklusive Kultur bringen nachweislich Ergebnisse und sie sind wichtig für den langfristigen Erfolg. Sponsorship ist ein extrem wirkungsvoller Baustein in der Führungskräfteentwicklung. Wer die Hälfte der Bevölkerung von seiner Unterstützung ausschließt, schadet nicht nur dem Unternehmen, sondern wird auch der Rolle als Führungskraft und als Vorbild nicht gerecht. Statt also den Befürchtungen nachzugeben, gilt es, Wege zu finden, um unterschiedlichen Menschen die gleiche Unterstützung zukommen zu lassen. Nur so kann es gelingen, gleiche Voraussetzungen für unterschiedliche Beschäftigte zu schaffen.

Schaffen Sie ein neues »Normal«

Während Sponsorship nicht erzwungen werden kann, ist es wichtig, ein Klima zu schaffen, in dem dieses Verhalten selbstverständlich ist und Transparenz darüber herrscht, wer entsprechende Aufmerksamkeit und Unterstützung verdient. Sponsor_innen müssen zudem absolut offen agieren und deutlich vermitteln, dass die Unterstützung talentierter Beschäftigter jeden Geschlechtes zu den zentralen Führungsaufgaben gehört. Zudem gilt es, Klarheit darüber zu schaffen, was eine solche Beziehung beinhaltet und nach welchen Kriterien Menschen Zugang haben. Wenn entsprechende Unterstützung eine Normalität ist, wenn sie von Führungskräften grundsätzlich erwartet wird, statt eine Ausnahme zu sein, entzieht das auch potenziellen Gerüchten die Basis. »Die Beweislage ist eindeutig: Für alle, die Befürchtungen haben, gibt es nur ein wirksames Gegenmittel, das ist Sichtbarkeit«, weiß Psychologieprofessor Brad Johnson. »Sie müssen sich stärker engagieren, öfter Kaffee trinken, häufiger Essen gehen und mehr Gespräche mit Frauen führen und das öffentlich tun. Wenn das Ihre Marke ist, dafür steht, wer Sie bei der Arbeit sind, dann spricht keiner über den Kerl. Dann ist er nur dafür bekannt, gleichermaßen gut mit Männern und Frauen zusammenzuarbeiten. Und das ist niemand, der sich Sorgen machen muss.«[261] [262]

Wer sich engagiert, nutzt dabei nicht ausschließlich den anderen. Ganz unabhängig vom Gefühl, das Richtige zu tun, sind weiße männliche Führungskräfte, die sich für andere stark machen, 11 Prozent zufriedener mit ihrer eigenen Karriereentwicklung als diejenigen, die das nicht tun. Bei Menschen anderer Ethnien liegt der Unterschied sogar bei 24 Prozent.[263] Einer der Gründe könnte sein, dass Männer, die Frauen sponsoren, bessere Leistungsbeurteilungen bekommen. Während er als Champion für mehr Vielfalt gilt und dafür belohnt wird, werden Frauen dagegen leider tendenziell negativer beurteilt. Ihnen wird unterstellt, sie würden Beschäftigte favorisieren, die ihnen ähnlich sind. Es gibt also einen weiteren Grund, warum es gut ist, wenn Männer aktive Unterstützung leisten.[264]

Außerdem sind die Vorteile nicht unilateral. Stattdessen profitieren beide vom Austausch und neuen Perspektiven, die sie erhalten. Wer offen und gespannt in die Gespräche geht, hat auch die Chance, mehr über die Erfahrungen zu lernen, die Frauen im Unternehmen machen. Man kann das eigene Netzwerk erweitern und aller Voraussicht nach mehr Verbindungen zu Gruppen etablieren, zu denen bisher der Zugang fehlte. In der Summe gewinnen dann beide Seiten gleichermaßen.

Loslegen

Es gibt ein paar Grundregeln, die helfen, eine erfolgreiche Sponsoring-Beziehung zu etablieren:[265]

– **Gleiche Regeln für alle:** Wenn Sie Menschen unterstützen wollen, die anders sind als Sie, ist es wichtig, gemeinsame Regeln zu etablieren, mit denen sich beide Seiten wohlfühlen. Wann und wo finden die Gespräche statt? Im Büro oder außerhalb? Tagsüber oder abends? Besprechen Sie, was in der Vergangenheit funktioniert hat, und bauen Sie darauf auf. Grundsätzlich sollten jedoch für alle Menschen, die Sie unterstützen, gleiche Regeln gelten. Wenn Sie sich mit denen, die »wie Sie« sind, abends beim Essen treffen und mit den »anderen« morgens im Büro, sind die Ergebnisse wahrscheinlich sehr unterschiedlich. Definieren Sie den größten gemeinsamen Nenner, der für alle funktioniert. Machen Sie das zum Standard, dem Sie grundsätzlich treu bleiben, selbst wenn es Sie einige nette Abende kostet.
– **Offen und interessiert zuhören:** Achten Sie darauf, Lerngespräche (siehe Kapitel 6) zu führen, interessiert und offen an den Austausch heranzugehen und Spekulationen zu vermeiden. Geben Sie nicht sofort Tipps oder Empfehlungen. Hören Sie zu und fragen Sie nach, um zu verstehen, welche Unterstützung nötig ist. Nutzen Sie dabei beide die Möglichkeit, neue Perspektiven zu erforschen.

- **Verletzlichkeit zeigen:** Sprechen Sie über Herausforderungen, denen Sie in der Vergangenheit begegnet sind und mit denen Sie aktuell ringen. Geben Sie nicht vor, alles zu wissen. Teilen Sie Ihre eigenen Sorgen und Befürchtungen, seien Sie verletzlich. Das ermöglicht anderen, Ihrem Beispiel zu folgen und offen über Probleme zu sprechen.
- **Erkennen Sie an, dass sich Erfahrungen unterscheiden:** Diejenigen, mit denen Sie sprechen, wissen vermutlich, dass Erfahrungen durch Geschlecht oder sexuelle Identität beeinflusst werden. Versuchen Sie nicht, sie vom Gegenteil zu überzeugen. Besprechen Sie, wie die Auswirkungen möglicherweise aussehen können, wie sich mit den Situationen umgehen lässt und wie Sie helfen können, faire Standards zu etablieren.
- **Werden Sie aktiv:** Überlegen Sie, wie Sie Menschen helfen können, ihre Ziele zu verwirklichen. Welche Möglichkeiten gibt es in Ihrem Verantwortungsbereich, relevante Erfahrungen zu sammeln und Fähigkeiten zu entwickeln? Wen kennen Sie sonst, der diese Möglichkeit bieten kann? Geben Sie Sichtbarkeit: Sprechen Sie über Menschen, die Sie sponsern, und ihre Talente, ebenso wie über die Herausforderungen, die sie brauchen, um ihre Karriere zu entwickeln.
- **Gewinnen Sie breitere Unterstützung.** Sprechen Sie mit anderen über Ihre Erfahrungen, den Nutzen, den Sie aus Ihren Aktivitäten ziehen, und starten Sie einen Schneeballeffekt.

Tipps, um die Karrieren anderer zu beflügeln

Informieren Sie sich. Erkundigen Sie sich, welche Programme es in Ihrem Unternehmen gibt und wie Sie sich engagieren können. Wenn wenig stattfindet, fragen Sie nach, wie Sie helfen können.

Legen Sie gleich los. Achten Sie in persönlichen Interaktionen mit »anderen« darauf, was Sie für sie tun können. Sagen Sie besser nicht: »Sie sind toll, ich möchte Sie sponsern.« Das kommt potenziell schräg an. Legen Sie stattdessen einfach los. Machen Sie Vorstellungen und öffnen Sie Türen, wenn sich ein Ansatzpunkt ergibt.

Durch das gemeinsame Interesse am Erfolg kann sich ein dauerhafter Dialog entwickeln und dadurch auch eine formellere Unterstützung.

Folgen Sie einheitlichen Standards. Gestalten Sie Sponsoring-Beziehungen nach dem gleichen Muster. Wenn Sie sich nicht mit allen abends beim Essen, einem Glas Wein oder einem alkoholfreien Getränk treffen können, lassen Sie es ganz. Es ist ein Zeichen für eine Kultur, die verschiedene Menschen unterschiedlich behandelt. Das sollten Sie nicht unterstützen. Nutzen Sie freie Abende, die dadurch entstehen, lieber dafür, um Neues kennenzulernen, sich in einem Ehrenamt zu engagieren oder einem Hobby zu frönen. Anders als ein netter Abend führt eine passionierte, aktive Freizeitgestaltung zur vollständigen Erholung.[266]

UND JETZT?

In den letzten 15 Kapiteln haben wir uns damit beschäftigt, welche Barrieren unterschiedlichen Menschen im Arbeitsumfeld begegnen und wie sie sich abbauen lassen, um gleiche Voraussetzungen zu schaffen. Es ging um spezielle Situationen oder persönliche Merkmale, die unsere Erfahrungen prägen. Das finale Kapitel beleuchtet, was einen Arbeitsplatz ausmacht, an dem Mitarbeiter_innen – unabhängig von ihrer persönlichen Demografie – erfolgreich sind. Und es handelt von der Rolle, die Führungskräfte haben, um ein Umfeld zu schaffen, in dem alle ihr Bestes geben.

Kapitel 16
Fair Führen

Dass ein Arbeitsplatz, an dem alle Beschäftigten ihr Bestes geben können, alles andere als selbstverständlich ist, zeigt eine Untersuchung von Gallup: Nur drei von zehn Beschäftigten in den USA glauben, dass ihre Meinung eine Rolle spiele. Bei einer Verdopplung dieses Wertes würde die Kündigungsrate um 27 Prozent sinken, Unfälle würden um 40 Prozent zurückgehen und die Produktivität würde um 12 Prozent gesteigert werden.[267]

Vorbild sein

Eine solche Veränderung zu erzielen liegt in Ihrer Hand. Vorgesetzte sind Vorbilder. Ihr Verhalten, die Stärken, die sie mitbringen und wie sie mit Mitarbeiter_innen interagieren, sind für 70 Prozent der Differenz im Engagement von Teams verantwortlich.[268] Sie prägen die Standards im Team. Sie bewirken Veränderungen oder bremsen sie aus.

Das belegt auch das Beispiel von Ignaz Semmelweis. Dem Arzt ist es nicht gelungen, die Herren Medizinalräte im feinen Wien davon zu überzeugen, sich vor Geburten die Hände zu waschen. Die Konsequenz? Frauen starben am »Kindbettfieber«. Inzwischen weiß die Forschung auch, woran Semmelweis gescheitert ist.

Zwei maßgebliche Aspekte ermöglichen oder verhindern Veränderungen in Gruppen. Das eine sind Erfahrungen. Wenn wir also feststellen, dass etwas funktioniert. Beim Händewaschen war das eindeutig. Die Angewohnheit hat in Semmelweis' Klinik dazu geführt, dass »nur«

eine von hundert Müttern nach der Geburt verstarb. In Kliniken, in denen das ausblieb und Ärzte zwischen den Geburten auch gerne mal jemanden sezierten, waren es zehn.

Dass sich die Ärzte den eindeutigen Beweisen dennoch verschlossen, lag am zweiten Beweggrund, der Verhalten treibt und der in diesem Kontext viel mehr Gewicht hatte: dem Herdentrieb. Das zu machen, was andere in unserer Gruppe tun. Das fällt besonders leicht, wenn es mir selbst nicht wehtut. Es waren nicht die Ärzte, die verstarben, keine Menschen im Freundeskreis oder Angehörige. Da ist es einfach, »mitzumachen«. Es ist leichter, an »Bewährtem« festzuhalten, als soziale Ausgrenzung zu riskieren und sich im eigenen Zirkel ins Abseits zu manövrieren. Sie erinnern sich an die Mikro-Aggressionen aus Kapitel 1?

In solchen Fällen ist ein bestimmtes Verhalten ein Signal. Es demonstriert Zugehörigkeit. Es zeigt, zu welcher Gruppe – welcher Clique – ich gehöre. Es macht mich zum Teil der In-Group und ermöglicht mir, von all den Vorteilen zu profitieren, die das mit sich bringt. Der Grund, warum Händewaschen so lange eine vernachlässigte Tugend blieb, war nicht der fehlende Nachweis der Wirksamkeit. Es lag daran, dass Semmelweis nicht verstand oder berücksichtigte, wie soziale Gruppen funktionieren.[269]

Dazugehören

Erinnern Sie sich an Kevin und Mandy und die Schüler aus den USA? In Kapitel 7 hatte ich berichtet, wie Kinder ihre Leistungen verbessert haben, weil sie mehr Aufmerksamkeit und mehr Wertschätzung erhalten haben. Das ist bei Erwachsenen nicht anders. Das Problem: Mit Menschen, die anders sind, denen gegenüber wir uns unsicherer fühlen oder Vorbehalte haben, verbringen wir weniger Zeit. Wir sprechen weniger mit ihnen, ziehen sie seltener zu Rate und bieten ihnen weniger Unterstützung an. Das ist nicht nur in der persönlichen Beziehung ein Problem, es ist auch ein Signal an andere Teammitglieder.

Deshalb ist es so wichtig, zu unterschiedlichen Menschen Vertrauen aufzubauen, um allen eine gute Führungskraft zu sein. Um das strategisch anzugehen, hat Ihnen das Buch zwei wichtige Instrumente in die Hand gegeben, die Kompetenz-Vertrauen-Matrix aus Kapitel 8 und die Beziehungslandkarte in Kapitel 9. Sie ermöglichen Ihnen, die aktuelle Qualität der unterschiedlichen Beziehungen zu reflektieren und zu planen, wie Sie Verbindungen stärken können.

In Kapitel 4 ging es um die Stärke vielfältiger Teams. Sie erzielen wie gesagt bessere Ergebnisse, weil sie Gruppendenken vermeiden, mehr Perspektiven beitragen und weil sich alle mehr anstrengen. Aber das ist nur die halbe Wahrheit. »Wenn Unterschiede nicht geschätzt werden, bekommen Sie Reibereien, ohne dass sie etwas bringen«, sagt Harvard-Professorin Robin J. Ely.[270] Das beeinflusst dann die Teamleistung höchstens negativ.[271]

Das Gefühl, ausgeschlossen zu sein und unfair behandelt zu werden, untergräbt Vertrauen und hindert Menschen daran, ihr Bestes zu geben. Weil der Kopf mit anderem beschäftigt ist und das Kreativität und Leistung einschränkt. Oder weil Menschen Ideen nicht teilen aus Furcht, jemand nimmt ihnen die Butter vom Brot, oder weil sie Angst haben, nicht ernst genommen oder sogar ausgelacht zu werden.

Sich fürs Team engagieren und mehr leisten als »business as usual« wird nur, wer sich als Teil der Gruppe fühlt. Wenn das große Ganze Bedeutung hat. Das setzt voraus, dass sich alle aufgehoben fühlen und angenommen werden, wie sie sind. Dass die persönliche Individualität anerkannt wird und Menschen Wertschätzung für ihre Fähigkeiten erleben und für die Perspektive, die sie beitragen, statt beurteilt oder marginalisiert zu werden.[272]

Die Qualität eines Teams misst sich dabei nicht an der Meinung Einzelner und bestimmt nicht an der der besten Freund_innen. Nur wenn alle sich gleichermaßen respektiert und einbezogen fühlen, kommen die Vorteile zum Tragen.

Erfolgreiche Teams

Wie wichtig dabei gemeinsame Normen sind, stellte ein Forscherteam fest, das die Intelligenz von Gruppen untersuchte. Es wollte verstehen, ob diese einen kollektiven IQ haben können, der höher ist als der der Mitglieder. Dazu rekrutierten sie Menschen, die in kleinen Gruppen ganz unterschiedliche Aufgaben lösen mussten. Um sie erfolgreich abzuschließen, war Kooperation erforderlich.

Dabei zeigte sich ein überraschendes Phänomen. Unabhängig von der Aufgabe hatten Teams, die einmal erfolgreich waren, zumeist erneut Erfolg. Wer es einmal verbockt hatte, tat das tendenziell immer wieder. Denn was den Erfolg ermöglichte oder Misserfolg verursachte, war der Umgang miteinander. Die richtigen Normen steigerten die Intelligenz einer Gruppe, unabhängig von den einzelnen Mitgliedern.

Während die verschiedenen Gruppen völlig unterschiedlich miteinander umgingen, gab es zwei Gemeinsamkeiten: In erfolgreichen Teams sprachen alle etwa gleich viel – wenn eventuell auch in unterschiedlichen Phasen der Diskussion oder bei verschiedenen Aufgaben. In erfolglosen Teams gab es dagegen einzelne oder einige wenige, die das Wort führten. Zudem gingen die Menschen in Teams, die Aufgaben gut lösten, aufeinander zu und achteten aufeinander, auch auf nonverbale Signale. Sie merkten, wenn sich jemand ausgegrenzt fühlte oder verunsichert war, und gingen dann auf ihn ein. Gruppen, die häufiger scheiterten, waren dagegen eher blind für die Gefühle anderer Teammitglieder.[273]

Psychologische Sicherheit ermöglicht konstruktive Konflikte

Psychologische Sicherheit besteht in einer Gruppe, wenn alle Mitglieder überzeugt sind, dass sie »zwischenmenschliche Risiken« eingehen können.[274] Dann können sie die eigene Verletzlichkeit zeigen, ohne zu befürchten, es könnte sich negativ auf die Beziehungen, das eigene Image, die Position oder die Karriere auswirken. Sie ermöglicht, Unsicherheiten und Fehler zuzugeben, zu lernen und um Hilfe zu bitten. Dadurch lässt sich gemeinsam mehr erreichen.

Psychologische Sicherheit heißt nicht: »Piep, piep, piep, wir haben uns alle lieb.« Stattdessen schafft sie die Basis für produktive Auseinandersetzungen und Reibereien und damit für Innovation und Spitzenleistung. Denn ohne Konflikte verlieren Gruppen ihre Effektivität. Die angebliche Harmonie besteht nur an der Oberfläche. Es entsteht Gruppendenken.

Das Gegenteil von Konflikten ist meist nicht Übereinstimmung, sondern Apathie und Desinteresse. Teams, die keine substanziellen Konflikte austragen, vergessen wichtige Aspekte oder sind sich ihrer einfach nicht bewusst. Sie versäumen, Annahmen und Einschränkungen zu hinterfragen oder unterschiedliche Alternativen zu entwickeln. Daher liefern sie im Schnitt eine geringere Leistung.[275]

In einem »sicheren Team« mit Reibereien werden Informationen besser genutzt und Probleme besser verstanden. Das führt zu schlaueren und oft auch unorthodoxen Lösungsvorschlägen. Solche Teams treffen nicht nur bessere Entscheidungen, sie tun das auch schneller. Entsprechend sind Organisationen, die sich durch eine inklusive Kultur auszeichnen, sechsmal wahrscheinlicher agil und innovativ und erzielen mit achtmal größerer Wahrscheinlichkeit bessere Geschäftsergebnisse.[276]

Ein Beispiel? Der Designer Peter Skillman hat mit vielen Hundert Beteiligten weltweit die sogenannte Marshmallow-Design-Challenge durchgeführt. Dabei sollten jeweils vier Personen einen Turm bauen, der mit einer Struktur aus Spagetti ein Marshmallow trägt. Die Teams bestanden aus den unterschiedlichsten Gruppen: Ingenieur_innen, Jurist_innen, BWL-Studierenden oder CEOs. Während sie alle das Problem sehr unterschiedlich erfolgreich bewältigten, schlug eine Gruppen sie um Längen: Kindergartenkinder. Denn während die anderen planten und diskutierten, sich – auffällig kooperativ – bemühten, ihre Position im Team zu klären oder zu verbessern oder alternativ die Überlegenheit anderer blindlings anerkannten, gingen die Kinder sofort zur Sache. Status war ihnen egal, Rückmeldungen waren direkt. Sie standen eng beieinander, sahen Fehler und gingen sofort darauf ein. Sie nahmen Risiken in Kauf, experimentierten und bauten den höchsten Turm von allen. Sie hatten Erfolg, nicht weil sie klüger waren oder besser planten, sondern weil sie enger und unkomplizierter zusammenarbeiteten.[277]

Viel Erfolg

Mithilfe der Tipps und Empfehlungen aus den vorangegangenen Kapiteln haben Sie das erforderliche Rüstzeug, um unterschiedliche Menschen erfolgreich zu führen und um ein Team zu schmieden, in dem sich alle sicher fühlen.

Einen Gedanken möchte ich Ihnen zum Abschied noch ans Herz legen: Wir glauben oft, dass unser Verhalten transparent ist. Dass völlig klar ist, was wir wollen oder meinen. Dass Missverständnisse fast ausgeschlossen sind. Leider unterliegen wir da einem gewaltigen Irrtum. In den allerwenigsten Fällen können uns andere tatsächlich verstehen. Um mit George Bernhard Shaw zu sprechen: »Das eindeutig größte Problem bei der Kommunikation ist die Illusion, sie hätte stattgefunden.«[278]

Umso wichtiger ist es, offen zu sein, nachzufragen, davon auszugehen, dass ich eventuell missverstanden werde oder andere missverstehe. Das gilt besonders, wenn sie sich in wichtigen Persönlichkeitsmerkmalen von mir unterscheiden. Positive Intentionen vorauszusetzen ist daher eine der wichtigsten Regeln im Umgang miteinander.

Auf Ihrem weiteren Weg wünsche ich Ihnen viel Erfolg. Ich freue mich, wenn Sie die Tipps und Tricks nutzen, um als Vorgesetzte fair zu führen. Um Unterschiede auszugleichen und verschiedenen Menschen gerecht zu werden und um mit Ihrem Team außergewöhnliche Leistungen zu erzielen.

Ich freue mich auch, wenn Sie mir von Ihren Herausforderungen und Erfahrungen berichten. Und noch eine Bitte: Im ganzen Buch geht es um blinde Flecke – um Stereotype, die unser Denken beeinflussen, und Vorurteile, deren wir uns nicht bewusst sind. Das gilt natürlich auch für mich. Wenn Sie über etwas stolpern, für das ich blind war, geben Sie mir bitte Bescheid.

Veronika Hucke
D&I Strategy and Solutions
fair.fuehren@di-strategy.com
www.di-strategy.com

Danksagung

Ich habe es genossen, dieses Buch zu schreiben. Nicht nur, weil ich dazu beitragen möchte, dass mehr Menschen Spaß an der Arbeit haben. Es war auch eine Gelegenheit, mich an Menschen zu erinnern, die mir in meinem Berufsleben zur Seite standen, von denen ich gelernt habe, und mich bei ihnen zu bedanken.

Ohne Felix Rudloff, meinen Agenten von Copywrite, wäre es nie zu diesem Buch gekommen. Wir haben gemeinsam Ideen entwickelt, wie ein Buch aussehen muss, das mehr Menschen erreicht als ein trockenes Fachbuch. In der Diskussion mit Stephanie Walter vom Campus Verlag ist aus einer groben Vorstellung dann ein schlüssiges Konzept geworden. Ich hoffe, das Ergebnis macht den beiden so viel Freude wie mir.

Unterwegs hat meine Freundin und Kollegin Lisa Kepinski immer wieder als Sparringspartnerin agiert, nicht nur mit ihrer professionellen Kompetenz. Sie lebt als Amerikanerin mit ihrem polnischen Mann Pawel in Nesselwang und macht tagtäglich überraschende Erfahrungen mit der Gruppendynamik in Deutschland.

Als Angestellte hatte ich verschiedene gute Chefs und Chefinnen. Zwei waren außergewöhnlich. Von meinem ersten Vorgesetzten, von Michael Krug von HP, habe ich bereits berichtet. Für dieses Buch noch wichtiger war Gottfried Dutiné. Mit ihm habe ich bei Alcatel und Philips zusammengearbeitet und er hat als Sponsor meinen Werdegang unterstützt. Außerdem hat er *Fair führen* während seiner Entstehung gelesen und mich mit Kritik, Tipps und Kommentaren angefeuert.

Ich habe in den USA, in Großbritannien und den Niederlanden gelebt und in Teams mit Kollegen aus aller Welt gearbeitet. Das habe ich sehr genossen. Eines der Highlights ist die Freundschaft, die mit

Sabrina Ma entstanden ist, und der unvergessliche Roadtrip, den wir gemeinsam durch Zentralchina gemacht haben.

Besonders aufgerüttelt hat mich meine Kollegin Ingrid. Sie hat mich als Erste an ihren Erfahrungen als transgender Frau teilhaben lassen und mir völlig neue Denkanstöße gegeben.

Die unerschütterliche Gewissheit, dass Frauen einander beistehen, ist in der Zusammenarbeit mit meinen Kolleginnen bei HP entstanden – mit Barbara Wollny, Eleonore Körner, Heidi Brösamle und Marion Schmidt. Sie boten psychologische Sicherheit schlechthin und das drastischste Feedback, das man sich denken kann. Barbara stand mir auch beim Schreiben zur Seite und hat gemeinsam mit meiner Freundin Julia Catz und Jochen Zielke wichtige Anregungen und Kommentare gegeben.

Ohne Stefanie und Manfred Confurius wäre *Fair führen* wahrscheinlich trotzdem nicht fertig geworden. Sie haben mich in Hamburg aufgepäppelt, als ich eine Schreibkrise hatte, und für Abwechslung, leckeren Wein und gutes Essen gesorgt.

Für mein geistiges Gleichgewicht ist auch meine Schwester Christina unerlässlich und von ihr kommt zudem die Executive Summary.

Ich danke euch allen. Schön, euch zu kennen!

Glossar

Ankereffekt: Wir lassen uns in unserem Urteil durch die erste Information beeinflussen, die wir erhalten (Anker), selbst wenn sie irrelevant ist. Der Ankerpunkt wird dadurch zum Referenzpunkt für unsere Entscheidungen. Das macht sich zum Beispiel der Einzelhandel bei Rabattangaben beim Schlussverkauf zunutze oder wenn Produkte für x,99 angeboten werden. Die Zahl vor dem Komma wirkt als Anker und vermittelt einen günstigeren Preis als der gerundete Betrag.

Bestätigungsfehler (*confirmation bias*): Er beschreibt den Umstand, dass Menschen aktiv Informationen suchen beziehungsweise diese bevorzugt wahrnehmen, die ihrer Annahme entsprechen, und versäumen, Informationen zu überprüfen, die ihre Annahme infrage stellen könnten.

Bezugsgruppe: siehe Eigen- und Fremdgruppe

Bias *(unconscious)*: siehe Wahrnehmungsverzerrungen

Deskriptive Geschlechterstereotype: Sie beeinflussen unsere Wahrnehmung, wie Frauen oder Männer angeblich sind.

Dunning-Kruger-Effekt: Wenig kompetente Personen erkennen ihre Inkompetenz nicht. Sie tendieren dazu, die eigenen Fähigkeiten zu überschätzen und die Kompetenz anderer nicht anzuerkennen. Schwache Leistungen gehen mit einer höheren Selbstüberschätzung einher als starke.

Eigen- und Fremdgruppe *(In- und Out-Group)*: Als »Eigengruppe« *(In-Group)* bezeichnet die Sozialpsychologie die Gruppe, der wir – aufgrund persönlicher Beziehungen beziehungsweise demografischer Merkmale – selbst angehören. **Die Fremdgruppe *(Out-Group)*** besteht aus Menschen, mit denen uns weniger verbindet beziehungsweise von denen wir uns abgrenzen.

Framing: Der Begriff steht für die Darstellung einer Information oder die Einbettung in einen bestimmten Kontext. Dieser Rahmen beeinflusst unsere Wahrnehmung. Typisches Beispiel: das Glas, das halb voll oder halb leer sein kann.

Fremdgruppenabwertung: Dies bezeichnet die Tendenz, die Mitglieder einer Fremdgruppe – einer Out-Group – kritischer zu beurteilen als Menschen, mit denen uns viel verbindet (In-Group).

Fremdgruppen-Homogenitätseffekt beziehungsweise Out-Group *(Homogenity)* Bias: Damit ist die Tendenz gemeint, Mitglieder einer Fremdgruppe als besonders ähnlich wahrzunehmen und Merkmale oder Verhalten eines Mitglieds als typisch für alle zu betrachten.

Geschlechterstereotype: Der Begriff bezeichnet Vorstellungen und Erwartungen, welche Eigenschaften und welches Verhalten Frauen und Männer typischerweise zeigen beziehungsweise zeigen sollen. Sie sind stark kulturell geprägt.

Gruppendenken *(Group Think)*: Gruppendenken entsteht, wenn das Konsensstreben stark dominiert beziehungsweise sogar wichtiger wird, als eine Aufgabe gut zu lösen. Die Aufrechterhaltung von Kohäsion – dem Zusammenhalt und Wir-Gefühl – und Solidarität in der Gruppe ist wichtiger, als die Fakten und die Realität zu berücksichtigen.

Halo-Effekt: Der Begriff steht für eine Verzerrung unserer Wahrnehmung, bei der einzelne Eindrücke eine so große Strahlkraft haben, dass sie unser Bild einer Person oder Situation verfälschen. Der Halo-

Effekt kann unser Urteil sowohl positiv (Heiligenschein-Effekt) als auch negativ (Teufelshörner-Effekt) beeinflussen. Er führt dazu, dass wir von uns bekannten Informationen Rückschlüsse auf andere Aspekte ziehen, die in keinem Zusammenhang stehen.

Heuristiken: Das sind Faustregeln, die uns helfen, ohne großen Aufwand schnell zu einer Entscheidung zu kommen. Dabei kann es zu Fehleinschätzungen und Fehlentscheidungen kommen.

Homophilie *(soziale)*: Der Begriff bezeichnet die Tendenz, sich bevorzugt mit Menschen zu umgeben, die einem ähnlich sind – zum Beispiel in Bezug auf Herkunft, Bildungsgrad oder gesellschaftlichen Status.

In-Group: siehe Eigen- und Fremdgruppe

Konformität: Das ist das öffentliche Bekenntnis zur Meinung der Mehrheit, ohne dass man sie tatsächlich teilt.

Konformitätsdruck: Dieser Begriff meint den Druck, sich reibungslos in eine Gruppe einzufügen beziehungsweise ihre Entscheidungen mitzutragen.

Mentoring: Beim Mentoring steht man anderen als Sparringspartnerin oder Sparringspartner zur Seite, bespricht berufliche Herausforderungen und mögliche Strategien.

Meritokratie-Paradox: Wissenschaftliche Untersuchungen belegen, dass in Organisationen, die angeben, dass Fairness einer ihrer zentralen Werte ist, Ungleichbehandlung oft besonders ausgeprägt ist. Weil vorausgesetzt wird, dass alle gerecht behandelt werden, wird versäumt zu überprüfen, ob und wo tatsächlich Abweichungen existieren. Zudem wird die Notwendigkeit von Maßnahmen negiert, die Chancengleichheit herstellen könnten, wo Menschen aufgrund persönlicher Merkmale ungerecht behandelt werden oder Diskriminierung erleben – zum Beispiel wegen Stereotypen oder unbewusster Vorurteile – beziehungsweise unterschiedliche Anforderungen haben.

Mikro-Aggressionen: siehe Mikro-Ungerechtigkeiten

Mikro-Bestätigungen (*Micro Affirmations*)**:** Mikro-Bestätigungen sind – häufig unbewusste – Zeichen, mit denen einem Menschen Wohlwollen und Unterstützung signalisiert werden, wie etwa zustimmendes Nicken oder Lächeln.

Mikro-Ungerechtigkeiten/Mikro-Aggressionen *(Micro Inequities/Micro Aggressions)***:** Mikro-Ungerechtigkeiten sind unterschwellige negative Botschaften, die wir anderen durch unser Verhalten, unsere Mimik oder Gestik senden und die eine geringe Wertschätzung signalisieren. Die Signale sind subtil. Der Sender ist sich seines Verhaltens oft nicht einmal bewusst. Für die Empfänger hat das Verhalten deshalb nicht weniger negative Konsequenzen. Längerfristig verlieren sie Selbstvertrauen, Motivation und den Spaß an der Arbeit.

Out-Group: siehe Eigen- und Fremdgruppe

Out-Group *(Homogenity)* **Bias:** siehe Fremdgruppen-Homogenitätseffekt

Präskriptive Geschlechterstereotype: Sie beeinflussen unsere Sicht darauf, wie Frauen oder Männer sein sollen.

Priming: Es beeinflusst die Verarbeitung eines Reizes durch die Aktivierung von Assoziationen.

Privilegien: In diesem Kontext sind Privilegien Vorteile, die den Betroffenen in einer bestimmten Situation aufgrund ihrer Demografie oder des persönlichen Hintergrunds erwachsen, ohne dass sie mit einer speziellen Leistung verbunden wären. Weil die Situation für die Betroffenen selbstverständlich ist, sind sie sich der Auswirkungen häufig nicht bewusst.

Psychologische Sicherheit: Sie steht dafür, dass alle Mitglieder einer Gruppe überzeugt sind, dass es sicher ist, zwischenmenschliche Risiken einzugehen. Sie können die eigene Verletzlichkeit zeigen, ohne zu befürchten, dass sich das auf Beziehungen, das eigene Image, die Position oder die Karriere negativ auswirkt. Die Menschen fühlen sich mit all ihren Eigenschaften akzeptiert und respektiert. Psychologische Sicherheit ist eine Voraussetzung dafür, dass Teams Höchstleistungen vollbringen.

Sensemaking: Der Begriff beschreibt den Prozess, in dem Menschen aus verfügbaren Informationen ein Bild beziehungsweise eine Wahrnehmung entwickeln, sich also einen Reim auf etwas machen. Dabei unterscheidet sich das Ergebnis aufgrund des eigenen Weltbilds und vorheriger Erfahrungen.

Soziale Homophilie: siehe Homophilie

Stereotype: Das sind Annahmen über die Eigenschaften der Mitglieder einer Gruppe. Sie beeinflussen, worauf wir achten, wie wir Informationen interpretieren und woran wir uns erinnern. Sie bilden die Basis für Vorurteile. Dabei wirken sowohl deskriptive als auch präskriptive Vorurteile. Sie beeinflussen unsere Sicht darauf, wie Menschen einer bestimmten Gruppe sind oder sich verhalten beziehungsweise sein oder sich verhalten sollten.

Sponsoring: Beim Sponsoring unterstützt eine Führungskraft aktiv das berufliche Fortkommen einer Person, zum Beispiel indem sie Sichtbarkeit schafft, das eigene Netzwerk öffnet oder jemanden ins Gespräch bringt. Sponsorship hat – anders als Mentoring – einen messbaren Einfluss auf die Karriere.

Unconscious Bias: siehe Wahrnehmungsverzerrungen

Wahrnehmungsverzerrungen (*unconscious Bias/implicit Bias*)**:** Das sind unbewusste Denkmuster oder Vorurteile. Es können positive oder negative Assoziationen sein. Sie sind so tief verwurzelt, dass sie aktiviert werden, ohne dass es uns bewusst wäre, ohne dass wir es wollen oder kontrollieren könnten. Trotzdem beeinflussen sie unsere Wahrnehmung und unser Urteil und führen dazu, dass wir Entscheidungen treffen, die nicht im Einklang mit unseren bewussten Überzeugungen und Werten stehen.

Literatur

Bohnet, Iris: *What Works – Gender Equality by Design*, The Belknap Press of Harvard University Press, London, 2016. Deutsche Ausgabe: *What works: Wie Verhaltensdesign die Gleichstellung revolutionieren kann*, C. h. Beck, München, 2017

Coyle, Daniel: *The Culture Code*, Bantam Books, 2018, New York

Eddo-Lodge, Reni: *Why I am no longer talking to white people about race*, Bloomsbury, 2017, London. Deutsche Ausgabe: *Warum ich nicht länger mit Weißen über Hautfarbe spreche*, Tropen Verlag, 2019, Berlin

Fosslien, Liz und Mollie West Duffy: *No Hard Feelings: Emotions at work (and how they help us succeed)*, Penguin Business, 2019, Great Britain

Gawande, Atul: *The Checklist Manifesto: How to get things right*, Picador, 2010, New York. Deutsche Ausgabe: *Checklist-Strategie: Wie Sie die Dinge in den Griff bekommen*, btb, 2013, München

Grant, Adam: *Give and Take*, Weidenfeld & Nicolson, 2014, London. Deutsche Ausgabe: *Geben und Nehmen: Warum Egoisten nicht immer gewinnen und hilfsbereite Menschen weiterkommen*, Droemer, 2016, München

Grant Halvorson, Heidi: *No one understands you and what to do about it*, Harvard Business Review Press, 2015, Boston

Grant Halvorson, Heidi: *9 Things successful people do*, Harvard Business School Publishing, 2012, Boston

Hewlett, Sylvia Ann, Ripa Rashid und Laura Sherbin: *Disrupt Bias, Drive Value: A New Path Toward Diverse, Engaged, and Fulfilled Talent*, Center for Talent Innovation, Rare Bird Books, 2017, Los Angeles

Kandola, Binna: *Racism at Work: The Danger of Indifference*, Pearn Kandola Publishing, 2018, Oxford

Meyer, Erin: *The Culture Map – Decoding How People Think, Lead, and Get Things Done Across Cultures*, PublicAffairs, New York, 2014. Deutsche Ausgabe: *Die Culture Map: Ihr Kompass für das internationale Business*, Wiley-VCH, 2018, Weinheim

Nielsen, Tinna und Kepinski, Lisa: *Inclusion Nudges Guide Book*, CreateSpace Independent Publishing Platform, 2016

O'Connor, Cailin und James Owen Weatherall, *The Misinformation Age*, Yale University Press, 2019

Schein, Edgar H. und Peter Schein: *Humble Leadership: The Power of Relationships, Openness and Trust*, Berrett-Koehler Publishers, 2018, Oakland. Deutsche Ausgabe: *Humble Leadership: Erfolgreich Führen mit Beziehung, Offenheit und Vertrauen*, EHP Edition Humanistische Psychologie, 2019, Bergisch Gladbach

Sow, Noah: *Deutschland Schwarz Weiss*, BoD, 2018, Norderstedt

Stepper, John: *Working out Loud: For a better Career and Life*, Ikigai Press, New York, 2015

Stone, Douglas, Bruce Patton und Sheila Heen: *Difficult Conversations – How to discuss what matters most*, Penguin Books, 2010, London. Deutsche Ausgabe: *Offen gesagt! Erfolgreich schwierige Gespräche meistern*, Goldmann, 2000, München

Yoshino, Kenji: *Covering – The Hidden Assault on our Civil Rights*, Random House, New York, 2007

Anmerkungen

1 »State of the American Manager, Analytics and Advice For Leaders«, Gallup, 2015

2 »The Relationship Between Transformational Leadership and Followers' Perceptions of Fairness«, https://link.springer.com/article/10.1007 Prozent2Fs10551-012-1507-z#page-1

3 Claudia Goldin, Cecilia Rouse, »Orchestrating Impartiality: The Impact of ›Blind‹ Auditions on Female Musicians«, January 1997, https://www.nber.org/papers/w5903

4 »Diskriminierung am Ausbildungsmarkt, Ausmaß, Ursachen und Handlungsperspektiven«, Sachverständigenrat deutscher Stiftungen für Integration und Migration, März 2014, https://www.svr-migration.de/publikationen/diskriminierung-am-ausbildungsmarkt/

5 Doris Weichselbaumer, »Discrimination against Female Migrants Wearing Headscarves«, September 2016, http://ftp.iza.org/dp10217.pdf

6 Prof. Dr. Dominic Frohn, Florian Meinhold, Christina Schmidt, »Prout at work, Out im Office?!«, 2017, https://www.proutatwork.de/wp-content/uploads/2018/06/PAW_ExecutiveSummary_deutsch.pdf

7 Raymond Trau, Jane O'Leary, Cathy Brown, »Myths About Coming Out at Work«, HBR, 19.10.2018, https://hbr.org/2018/10/7-myths-about-coming-out-at-work

8 Das Experiment der Columbia-Universität basiert auf der Fallstudie Heidi Roizen, Kathleen L. McGinn, Nicole Tempest, Harvard Business School Case Collection, Januar 2000, überarbeitet im April 2010, http://www.hbs.edu/faculty/Pages/item.aspx?num=26880

9 Iris Bohnet, What Works, 2016, Harvard University Press, London

10 Corinne A. Moss-Racusin, Julie E. Phelan, Laurie Rudman, »When Men Break the Gender Rules: Status Incongruity and Backlash Against Modest Men«, April 2010, https://www.researchgate.net/publication/232464622_

When_Men_Break_the_Gender_Rules_Status_Incongruity_and_Back-lash_Against_Modest_Men

11 A. T. Kearney, 361°-Familienstudie »Mehr Aufbegehren. Mehr Vereinbar-keit!«, Oktober 2016, https://www.atkearney.de/documents/6645533/9249916/A.T.+Kearney+Familienstudie+2016.pdf/976ce5c8-0bb8-4d62-9090-59a1633dbc81

12 Australian Human Rights Commission, »Supporting Working Parents: Pregnancy and Return to Work, National Review Report«, 2014

13 Ferda Ataman, »Der ethnische Ordnungsfimmel«, *Spiegel Online*, 23.02.2019 http://www.spiegel.de/kultur/gesellschaft/herkunft-und-die-frage-wo-kommst-du-her-ethnischer-ordnungsfimmel-a-1254602.html, Zugegriffen am 24.02.19

14 Nach Derald Wing Sue, Christina M. Capodilupo, Gina C. Torino, Jennifer M. Bucceri, Aisha M. B. Holder, Kevin L. Nadal, and Marta Esquilin, »Ra-cial Microaggressions in Everyday Life: Implications for Clinical Practice«, *American Psychologist*, 05/06 2007, https://world-trust.org/wp-content/up-loads/2011/05/7-Racial-Microagressions-in-Everyday-Life.pdf

15 Violetta Simon, »Liebe Leser, das folgende Interview ist auch für Frauen gedacht«, *Süddeutsche Zeitung*, 22. Februar 2018, https://www.sueddeut-sche.de/leben/generisches-maskulinum-liebe-leser-das-folgende-inter-view-ist-auch-fuer-frauen-gedacht-1.3876211, zugegriffen am 22.2.2019

16 Gygax, Gabriel, Sarrasin, Oakhill, and Garnham, »Gender Representation in Different Languages and Grammatical Marking on Pronouns: When Beauticians, Musicians, and Mechanics Remain Men«, 2008, https://www.researchgate.net/publication/232747375_Gender_Representation_in_Dif-ferent_Languages_and_Grammatical_Marking_on_Pronouns_When_Beauticians_Musicians_and_Mechanics_Remain_Men, Zugegriffen am 23.02.2019 und Anatol Stefanowitsch, »Frauen natürlich ausgenommen«, 14.12.2011, http://www.sprachlog.de/2011/12/14/frauen-natuerlich-ausge-nommen/, Zugegriffen am 24.02.2019

17 Pressemitteilung, »Automechanikerinnen und Automechaniker – Ge-schlechtergerechte Sprache beeinflusst kindliche Wahrnehmung von Beru-fen«, Deutsche Gesellschaft für Psychologie, 09.06.2015, https://www.dgps.de/index.php?id=143&tx_ttnews[tt_news]=1610&cHash=1308c97486a0f55bc30d6a7cf12bf49f, Zugegriffen am 23.2.2019

18 Lin Bian, Sarah-Jane Leslie, Andrei Cimpian, »Gender stereotypes about intellectual ability emerge early and influence children's interests«, *Science*, 27.01.2017, http://science.sciencemag.org/content/355/6323/389, Zugegrif-fen am 23.02,.1019

19 Christoph Drösser, »Wo ist der Witz?«, 26.07.2007, https://www.zeit.de/2007/ 31/Humorforschung , Zugegriffen am 09.03.2019

20 Kathleen M. Eisenhardt, Jean L. Kahwajy, L. J. Bourgeois III, »How Management Teams Can Have a Good Fight«, HBR, Juli/August 1997, https:// hbr.org/1997/07/how-management-teams-can-have-a-good-fight

21 Werner Wicki, »Psychologie des Humors: eine Übersicht«. *Schweizerische Zeitschrift für Psychologie*, Januar 1992

22 Piotr Pluta, »Different people, different ways of using humor – the Humor Styles Questionnaire«, 24.10.2013, http://www.psychologyofhumor.com/2013/ 10/24/different-people-different-ways-of-using-humor-the-humor-styles-questionnaire-2/

23 Daniel Coyle, *The Culture Code*, Bantam Books, 2018, New York

24 Hannah Suppa und Torsten Gellner, »Wir haben einen ausgeprägten Hang zur Political Correctness«, *Märkische Allgemeine*, 12.2.2019, http://www. maz-online.de/Brandenburg/Altbischof-Wolfgang-Huber-im-Interview-Wir-haben-einen-ausgepraegten-Hang-zur-Political-Correctness, Zugegriffen am 15.02.2019

25 Richard Wike, »Americans more tolerant of offensive speech than others in the world«, Pew Research Center, 12.10.2016, http://www.pewresearch.org/ fact-tank/2016/10/12/americans-more-tolerant-of-offensive-speech-than-others-in-the-world/, Zugegriffen am 15.02.2019

26 Kenji Yoshino und Christie Smith, *Uncovering talent: A new model of inclusion*, Deloitte LLP: Deloitte University. 2013

27 Tim Kummert, »Der Schein-Alte«, *Der Spiegel*, 01.03.2019

28 Valerie Schönian, »Hören Sie mir mal zu«, *Zeit Campus*, 02.04.2018, https:// www.zeit.de/2018/14/philipp-amthor-cdu-ueckermuende-bundestagsabgeordneter, Zugegriffen am 24.03.2019

29 Randstad Arbeitsbarometer Q2, 2018, »Junge Vorgesetzte kämpfen um Akzeptanz«, 06.07.2018, https://www.randstad.de/ueber-randstad/news/2018 0706/junge-fuehrungskraefte-kaempfen-um-akzeptanz, Zugegriffen am 24.03.2019

30 Age UK, »A Snapshot of Ageism in the UK and across Europe«, März 2011, http://www.ageuk.org.uk/Documents/EN-GB/ID10180 Prozent20Snapshot Prozent20of Prozent20Ageism Prozent20in Prozent20Europe.pdf?dtrk=-true

31 Thomas W. H. Ng, Daniel C. Feldman, »Evaluating Six Common Stereotypes About Older Workers with Meta-Analytical Data«, 23.08.2012, https://onlinelibrary.wiley.com/doi/abs/10.1111/peps.12003, Zugegriffen am 24.03.2019

32 Stanimira Taneva, John Arnold, »Older Workers Need to Stop Believing

Stereotypes About Themselves«, 20.06.2016, https://hbr.org/2016/06/older-workers-need-to-stop-believing-stereotypes-about-themselves

33 Lisa M. Finkelstein, Eden B. King, Elora C. Voyles, »Age Metastereotyping and Cross-Age Workplace Interactions: A Meta View of Age Stereotypes at Work«, 30.12.2014, https://academic.oup.com/workar/article-abstract/1/1/26/1661637?redirectedFrom=fulltext

34 Henry Tajfel und John C. Turner, »The Social Identity Theory of Intergroup Behavior«, *Psychology Press,* 2004, New York

35 Henry Tajfel, »Social Psychology of Intergroup Relations«, *Annual Review of Psychology,* 1982

36 Autorengruppe Bildungsberichterstattung, Bildung in Deutschland 2018, https://www.bildungsbericht.de/de/bildungsberichte-seit-2006/bildungs-bericht-2018/pdf-bildungsbericht-2018/bildungsbericht-2018.pdf, Zugegriffen am 04.03.2019

37 Universität Bremen, »Die Wohnung ist leider schon weg, Frau Gülbeyaz«, 22.02.2019, https://www.uni-bremen.de/de/universitaet/presse/aktuelle-mel-dungen/detailansicht/news/detail/News/die-wohnung-ist-leider-schon-weg-frau-guelbeyaz/, Zugegriffen am 04.03.2019

38 DOJ/Countrywide Settlement Information: Justice Department Reaches $335 Million Settlement to Resolve Allegations of Lending Discrimination by Countrywide Financial Corporation, The United States Attorney's Office, Central District of California, 22.06.2015, https://www.justice.gov/usao-cdca/dojcountrywide-settlement-information, Zugegriffen am 04.03.2019

39 Ten graphics on the Bechdel test, https://www.reddit.com/r/dataisbeautiful/comments/1hn1l3/ten_graphics_on_the_bechdel_test_oc/, Zugegriffen am 04.03.2019

40 Walt Hickey, »The Dollar-And-Cents Case Against Hollywood's Exclusion of Women«, 01.04.2014, https://fivethirtyeight.com/features/the-dollar-and-cents-case-against-hollywoods-exclusion-of-women/?utm_content=-buffered986&utm_medium=social&utm_source=plus.google.com&utm_campaign=buffer, Zugegriffen am 04.03.2019

41 Caroline Criado-Perez, Invisible Women, Exposing Data Bias in a World Designed for Men, *Chatto & Windus,* London, 2019

42 Clara Hellner, »Männer sind halt keine Patientinnen«, *Zeit Online,* 25.02.2019, https://www.zeit.de/wissen/gesundheit/2019-02/gendermedi-zin-gesundheit-aerzte-patient-medikamente-maenner-frauen-gleichberech-tigung

43 Miller McPherson, Lynn Smith-Lovin, James M Cook, »Birds of a Feather:

Homophily in Social Networks«, 2001, ttp://aris.ss.uci.edu/~lin/52.pdf, Zugegriffen am 04.03.2019

44 Originaltext: »These ›narcissistic and lazy‹ networks can never give us the breadth and diversity of inputs we need to understand the world around us, to make good decisions and to get people who are different from us on board our ideas. That's why we should develop our professional networks deliberately, as part of an intentional and concerted effort to identify and cultivate relationships with relevant parties.« Eigene Übersetzung

45 Herminia Ibarra, »5 Misconceptions About Networking«, 18.04.2016, https://herminiaibarra.com/5-misconceptions-about-networking/, Zugegriffen am 04.03.2019, eigene Übersetzung.

46 Center for Talent Innvoation. 2013. »Innovation, diversity and market growth«, September 2013, Zugegriffen am 04.03.2019

47 Tijen Onaran, *Die Netzwerkbibel. Zehn Gebote für erfolgreiches Networking*, Springer, 2019

48 Mark Granovetter, »Strength of weak tie«, *American Journal of Sociology*, 1973, https://sociology.stanford.edu/sites/g/files/sbiybj9501/f/publications/the_strength_of_weak_ties_and_exch_w-gans.pdf, Zugegriffen am 04.03.2019

49 Jeffrey Travers und Stanley Milgram, *An Experimental Study of the Small World Problem*, American Sociological Association, Dezember 1969, https://www.jstor.org/stable/2786545?seq=1#page_scan_tab_contents

50 Herminia Ibarra, »How to Revive a Tired Network«, Harvard Business Review, 03.02.2015 https://hbr.org/2015/02/how-to-revive-a-tired-network, Zugegriffen am 04.03.2019

51 Herminia Ibarra, »How to Revive a Tired Network«, *Harvard Business Review*, 03.02.2015

52 Keith Ferrazzi, *Never eat alone*, 2005, Doubleday

53 John Stepper, *Working out Loud: For a better Career and Life*, Ikigai Press, New York, 2015

54 John A. Bargh, Mark Chen, und Lara Burrows, »Automaticity of Social Behavior: Direct Effects of Trait Construct and Stereotype Activation on Action«, *Journal of Personality and Social Psychology*, 1996, https://acmelab.yale.edu/sites/default/files/1996_automaticity_of_social_behavior.pdf

55 Thomas Mussweiler: »Doing Is for Thinking! Stereotype Activation by Stereotypic Movements«, *Psychological Science,* 17, 2006

56 Kirsten Weir, »The pain of social rejection«, American Psychological Association, April 2012, http://apa.org/monitor/2012/04/rejection.aspx, Zugegriffen am 14.03.2019

57 Lioba Werth, *Psychologie für die Wirtschaft*. Heidelberg: Spektrum Akademischer Verlag, 2010

58 Katherine W. Phillips et al., »Better decisions through diversity«, Kellogg School of Management at Northwestern University, 01.10.2010. http://insight.kellogg.northwestern.edu/article/better_decisions_through_diversity, Zugegriffen: 14.03.2019

59 »The Mix that Matters, Innovation through Diversity«, The Boston Consulting Group, April 2017

60 Max Nathan Neil Lee, »Cultural Diversity, Innovation, and Entrepreneurship: Firm-level Evidence from London«, 22.10.2015, https://www.tandfonline.com/doi/abs/10.1111/ecge.12016

61 »Innovation, Diversity and Market Growth«, Center for Talent Innovation, September 2013

62 Christoph Rottwilm, »So können Anleger mit Gleichberechtigung Geld machen«, 02.04.2019, https://www.manager-magazin.de/finanzen/boerse/diversity-dax-geplant-deutsche-boerse-will-gleichberechtigung-foerdern-a-1260808.html

63 Julia Dawson, Richard Kersley, Stefano Natella, »The CS Gender 3000: The Reward for Change«, Credit Suisse Research Institute, 2016

64 »Gender Diversity and Corporate Performance«, Credit Suisse Research Institute, 2012, https://publications.credit-suisse.com/tasks/render/file/index.cfm?fileid=88EC32A9-83E8-EB92-9D5A40FF69E66808

65 »On Racial Diversity and Group Decision Making: Identifying Multiple Effects of Racial Composition on Jury Deliberations«, Samuel R. Sommers Tufts University, *Journal of Personality and Social Psychology*, 2006, http://www.apa.org/pubs/journals/releases/psp-904597.pdf

66 Joan C. Williams und Marina Multhaup, »For Women and Minorities to Get Ahead, Managers Must Assign Work Fairly«, 05.03.2018, , https://hbr.org/2018/03/for-women-and-minorities-to-get-ahead-managers-must-assign-work-fairly

67 Ian Tucker, Susan Cain, »Society has a cultural bias towards extroverts«, *The Guardian*, 01.04.2012, https://www.theguardian.com/technology/2012/apr/01/susan-cain-extrovert-introvert-interview, Zugegriffen am 06.03.2019

68 Brandon Rigoni und Bailey Nelson, »For Millennials, Is Job-Hopping Inevitable?«, 08.11.2016, https://news.gallup.com/businessjournal/197234/millennials-job-hopping-inevitable.aspx?utm_source=alert&utm_medium=email&utm_content=morelink&utm_campaign=syndication

69 Madeline E. Heilman, »Gender stereotypes and workplace bias«, *Research in Organizational Behavior*, 2012, communal, https://nyuscholars.nyu.edu/

en/publications/gender-stereotypes-and-workplace-bias, , zugegriffen am 08.03.2019

70 J. L. Berdahl und J. A. Min, »Prescriptive stereotypes and workplace consequences for East Asians in North America«, 2012, https://www.ncbi.nlm.nih.gov/pubmed/22506817, Zugegriffen am 08.03.2019

71 Linda Babcock, Maria P. Recalde, Lise Vesterlund und Laurie Weingart, »Gender Differences in Accepting and Receiving Requests for Tasks with Low Promotability«, American Economic Association, 03.03.2017, https://www.aeaweb.org/articles?id=10.1257/aer.20141734, Zugegriffen am 08.03.2019

72 Madeline E. Heilman und Julie J. Chen, »Same Behavior, Different Consequences: Reactions to Men's and Women's Altruistic Citizenship Behavior«, APA PsycNet, 2005, https://psycnet.apa.org/record/2005-05102-002, Zugegriffen am 08.03.2019

73 Joan C. Williams und Marina Multhaup, »For Women and Minorities to Get Ahead, Managers Must Assign Work Fairly«, Harvard Business Review, 05.03.2018, https://hbr.org/2018/03/for-women-and-minorities-to-get-ahead-managers-must-assign-work-fairly, Zugegriffen am 08.03.2019

74 Shelley Correll und Lori Mackenzie, »To Succeed in Tech, Women Need More Visibility«, Harvard Business Review, 13.09.2016, https://hbr.org/2016/09/to-succeed-in-tech-women-need-more-visibility

75 Nancy M. Carter, Christine Cilva, »The Myth of the Ideal Worker: Does Doing All the Right Things Really Get Women Ahead?« Catalyst, 2011, http://www.catalyst.org/system/files/The_Myth_of_the_Ideal_Worker_Does_Doing_All_the_Right_Things_Really_Get_Women_Ahead.pdf, Zugegriffen am 08.03.2019

76 Amy Gallo, »Why Aren't You Delegating?« Harvard Business Review, 26.07.2012, https://hbr.org/2012/07/why-arent-you-delegating, Zugegriffen am 08.03.2019

77 Joan C. Williams und Marina Multhaup, »For Women and Minorities to Get Ahead, Managers Must Assign Work Fairly«, Harvard Business Review, 05.03.2018, https://hbr.org/2018/03/for-women-and-minorities-to-get-ahead-managers-must-assign-work-fairly, Zugegriffen am 08.03.2019

78 Sydney Finkelstein, »Why a One-Size-Fits-All Approach to Employee Development Doesn't Work«, Harvard Business Review, 05.03.2019, https://hbr.org/2019/03/why-a-one-size-fits-all-approach-to-employee-development-doesnt-work, Zugegriffen am 09.03.2019

79 Sam Lloyd, »Managers Must Delegate Effectively to Develop Employees«, Society for Human Resources Management, 2012, https://www.shrm.org/

ResourcesAndTools/hr-topics/organizational-and-employee-development/
Pages/DelegateEffectively.aspx

80 Heidi K. Gardner, »When Senior Managers Won't Collaborate«, Harvard
Business Review«, März 2015, https://hbr.org/2015/03/when-senior-mana-
gers-wont-collaborate

81 Catalyst, »Inclusive Leadership: The View From Six Countries«, 2014,
https://www.catalyst.org/research/inclusive-leadership-the-view-from-six-
countries/

82 Rob Cross, Reb Rebele und Adam Grant, »Collaborative Overload«, Harvard Business Review, Januar/Februar 2016, https://hbr.org/2016/01/colla-
borative-overload.

83 https://hbr.org/2016/01/collaborative-overload

84 Adam Grant, Give and Take, Weidenfeld & Nicolson, 2014, London

85 Carolyn Gregoire, »The Giving Habits of Americans May Surprise You«,
06.12.2017, https://www.huffingtonpost.com/2013/08/20/are-you-a-giver-
huffpost-_n_3785215.html

86 Jana Hauschild, »Warum Frauen nur einen Bruchteil aller Straftaten bege-
hen«, Berliner Zeitung, 25.02.17, https://www.berliner-zeitung.de/wissen/
forschung-warum-frauen-nur-einen-bruchteil-aller-straftaten-bege-
hen-26248314

87 Renee Culinan, »In Collaborative Work Cultures, Women Carry More of the
Weight«, HBR, 24.07.2017, https://hbr.org/2018/07/in-collaborative-work-
cultures-women-carry-more-of-the-weight

88 Itziar Etxebarria, »Women Feel More Guilt«, Spanish Journal of Psychology,
2010, http://www.psyarticles.com/values/guilt.htm

89 Madeline E. Heilman und Julie J. Chen, »Same Behavior, Different Consequences: Reactions to Men's and Women's Altruistic Citizenship Behavior«,
New York University, 2005, https://www.uccs.edu/Documents/dcarpent/
altruism.pdf

90 Samuel R. Sommers, »On Racial Diversity and Group Decision Making:
Identifying Multiple Effects of Racial Composition on Jury Deliberations«,
Journal of Personality and Social Psychology, 2006, Vol. 90, No. 4, exchange
a wider range of information, Zugegriffen am 02.04.2019

91 Sheen S. Levine and David Stark, »Diversity Makes You Brighter«, New York
Times, 09.12.2015, https://www.nytimes.com/2015/12/09/opinion/diversity-
makes-you-brighter.html

92 Katherine W. Phillips, »How Diversity Makes Us Smarter«, Scientific American, 01.10.2014, https://www.scientificamerican.com/article/how-diver-
sity-makes-us-smarter/

93 Katherine W. Phillips, »The Biases That Punish Racially Diverse Teams«, 22.02.2016, *Harvard Business Review*, https://hbr.org/2016/02/the-biases-that-punish-racially-diverse-teams

94 Peter Reuell, »When bias hurts profits«, *Harvard Gazette*, 22.02.2017, https://news.harvard.edu/gazette/story/2017/02/when-bias-hurts-profits/, Zugegriffen am 02.04.2019

95 Douglas Stone, Bruce Patton und Sheila Heen, Difficult Conversations: How to discuss what matters most, Penguin Books, 2010, London

96 Institut für Arbeitsmarkt und Berufsforschung (IAB) der Bundesagentur für Arbeit, IAB-Kurzbericht Nr. 18, 22.8.2017, http://doku.iab.de/kurzber/2017/kb1817.pdf, Zugegriffen am 25.03.2019

97 »The Behavioural Insights Team, Promoting diversity in the Police«, 24.07.2015, https://www.bi.team/blogs/behavioural-insights-and-home-affairs/ , Zugegriffen am 27.03.2009

98 Kieran Snyder, »Language in your job post predicts the gender of your hire«, 21.06.2016, https://textio.ai/gendered-language-in-your-job-post-predicts-the-gender-of-the-person-youll-hire-cd150452407d

99 Danielle Gaucher, Justin Friesen, Aaron C. Kay, »Evidence That Gendered Wording in Job Advertisements Exists and Sustains Gender Inequality«, *Journal of Personality and Social Psychology*, Januar 2011, http://gap.hks. harvard.edu/evidence-gendered-wording-job-advertisements-exists-and-sustains-gender-inequality

100 Tara Mohr, »Why Women Don't Apply for Jobs Unless They're 100 Prozent Qualified«, *Harvard Business Review,* August 25, 2014, https://hbr.org/2014/08/why-women-dont-apply-for-jobs-unless-theyre-100-qualified

101 Alexander w. Watts, »Why Does John get the STEM Job Rather Than Jennifer?«, 02.06.2014, https://gender.stanford.edu/news-publications/gender-news/why-does-john-get-stem-job-rather-jennifer, Zugegriffen am 25.03.2019

102 Marianne Bertrand und Sendhil Mullainathan, »Are Emily and Greg More Employable than Lakisha and Jamal? A Field Experiment on Labor Market Discrimination«, *The American Economic Review*, 10/2004.

103 Meike Bonefeld und Oliver Dickhäuser, »(Biased) Grading of Students' Performance: Students' Names, Performance Level, and Implicit Attitudes«, *Frontiers in Psychology*, 09.05.2018, https://www.frontiersin.org/articles/10.3389/fpsyg.2018.00481/full

104 Prof. Dr. Astrid Kaiser und Julia Kube, »Ungleiche Bildungschancen schon durch Vornamen? – Studie zu Vorurteilen und Vorannahmen von

Lehrern«, Carl von Ossietzky-Universität Oldenburg, 16.09.2009, https://idw-online.de/de/news333970, Zugegriffen am 25.03.2019

105 Originaltext: »unusual potential for intellectual growth«, eigene Übersetzung

106 Robert Rosenthal und Lenore Jacobson, »Teachers' Expectancies: Determinants Of Pupils' IQ Gains«, *Psychological Reports*, 1966, http://homepages.gac.edu/~jwotton2/PSY225/rosenthal.pdf, Zugegriffen am 24.04.2019

107 Ute Utech, *Rufname und soziale Herkunft, Studien zur schichtenspezifischen Vornamenvergabe in Deutschland*, Olms Verlag, 2011

108 OECD (2018), *A Broken Social Elevator? How to Promote Social Mobility*, OECD Publishing, Paris

109 Lauren A. Rivera, »Guess Who Doesn't Fit In at Work«, *The New York Times*, 30.05.2015, https://www.nytimes.com/2015/05/31/opinion/sunday/guess-who-doesnt-fit-in-at-work.html, Zugegriffen am 25.03.2019

110 Lauren Rivera und András Tilcsik, »Class Advantage, Commitment Penalty: The Gendered Effect of Social Class Signals in an Elite Labor Market«, October 12, 2016, http://jce.sagepub.com/content/42/3/291.abstract« \t »_blank, Zugegriffen am 27.03.2019

111 Oliver Wright, »Don't wear brown shoes if you want to walk into City job«, 01.09.2016, https://www.thetimes.co.uk/article/dont-wear-brown-shoes-if-you-want-to-walk-into-city-job-gfcvt2ql2, Zugegriffen am 27.03.2019

112 Jacquie D. Vorauer, Stephanie-Danielle Claude, »Perceived Versus Actual Transparency of Goals in Negotiation«, 01.04.1998, https://journals.sagepub.com/doi/abs/10.1177/0146167298244004, Zugegriffen am 06.05.2019

113 Frank J. Bernieri, Miron Zuckerman, Richard Koestner und Robert Rosenthal, »Measuring Person Perception Accuracy: Another Look at Self-Other Agreement«, *SAGE Journals*, Volumen 20, Ausgabe 4, 01.08.1994

114 Lauren Human, Jeremy Biesanz, »Targeting the Good Target«, *Personality and Social Psychology Review*, 08/2013

115 Veronika Hucke und Lisa Kepinski, »Achieving Results: Diversity & Inclusion Actions With Impact«, *Newsweek Vantage*, 2017

116 Jeffrey Dastin, »Amazon scraps secret AI recruiting tool that showed bias against women«, Reuters, 10.10.2018, https://www.reuters.com/article/us-amazon-com-jobs-automation-insight-idUSKCN1MK08GZugegriffen am 27.03.2017

117 Joy Buolamwini, »When the Robot Doesn't See Dark Skin«, *New York Times*, 21.06.2018, https://www.nytimes.com/2018/06/21/opinion/facial-analysis-technology-bias.html, Zugegriffen am 27.03.2019

118 Candice Powell, Cynthia Demetriou, Annice Fisher, »Micro-affirmations

in Academic Advising: Small Acts«, Big Impact, 30.10.2013, *The Mentor, an academic advising journal*, https://dus.psu.edu/mentor/2013/10/839/, Zugegriffen am 27.03.2019

119 Jason Dana, Robyn Dawes, Nathanial Peterson, »Belief in the unstructured interview: The persistence of an illusion, Judgment and Decision Making«, September 2013, http://journal.sjdm.org/12/121130a/jdm121130a.pdf, Zugegriffen am 28.03.2019

120 Lauren A. Rivera, »Hiring as Cultural Matching: The Case of Elite Professional Service Firms, November 28, 2012, https://journals.sagepub.com/doi/10.1177/0003122412463213, Zugegriffen am 27.03.2019

121 Iris Bohnet, *What Works – Gender Equality by Design*, The Belknap Press of Harvard University Press, London, 2016

122 Lauren A. Rivera, »Guess Who Doesn't Fit In at Work«, *The New York Times*, 30.05.2015, https://www.nytimes.com/2015/05/31/opinion/sunday/guess-who-doesnt-fit-in-at-work.html Zugegriffen am 25.03.2019

123 Iris Bohnet, Alexandra van Geen und Max Bazerman, »When Performance Trumps Gender Bias: Joint vs. Separate Evaluation«, 29.09.2015, https://pubsonline.informs.org/doi/abs/10.1287/mnsc.2015.2186?journalCode=mnsc« Prozent20\t, Zugegriffen am 29.03.2019

124 Timothy A. Judge und Daniel M. Cable, »The Effect of Physical Height on Workplace Success and Income: Preliminary Test of a Theoretical Model«, *Journal of Applied Psychology*, 2004

125 Timothy M Frayling et al., »Height, body mass index, and socioeconomic status: Mendelian randomization study in UK Biobank, US National Library of Medicine, National Institutes of Health, 2016, https://www.ncbi.nlm.nih.gov/pmc/articles/PMC4783516/, Zugegriffen am 01.04.2019

126 Timothy A. Judge und Daniel M. Cable. 2011. »When it comes to pay, do the thin win? The effect of weight on pay for men and women«, *Journal of Applied Psychology*, Januar 2011, https://www.ncbi.nlm.nih.gov/pubmed/20853946, Zugegriffen am 01.04.2019

127 Francesca Righetti und Catrin Finkenauer, »If You Are Able to Control Yourself, I Will Trust You: The Role of Perceived Self-Control in Interpersonal Trust«, *Journal of Personality and Social Psychology*, Februar 2011, https://www.researchgate.net/publication/49834955_If_You_Are_Able_to_Control_Yourself_I_Will_Trust_You_The_Role_of_Perceived_Self-Control_in_Interpersonal_Trust, Zugegriffen am 01.04.2019

128 Katherine Harmon, »Earlier model of human brain's energy usage underestimated its Efficiency«, *Scientific American*, 10.09.2009, https://www.scientificamerican.com/article/brain-energy-efficiency/, Zugegriffen am 01.04.2019

129 David Rock, *Your brain at work*, 2009, HarperBusiness, New York

130 Timothy D. Wilson, *Strangers to Ourselves*, Harvard University Press, 2004

131 Caroline Webb, *How to have a good day*, Crown Business, 2016, London

132 Daniel Kahneman, *Thinking, fast and slow*, 2011, Penguin Books, London

133 John Ridley Stroop, »Studies of interference in serial verbal reactions«, *Journal of Experimental Psychology*, 1935

134 Sylvia Ann Hewlett, Ripa Rashid und Laura Sherbin, Disrupt Bias, Drive Value: A New Path Toward Diverse, Engaged, and Fulfilled Talent, Center for Talent Innovation, Rare Bird Books, 2017, Los Angeles

135 Emilio J. Castilla, »Gender, Race, and Meritocracy in Organizational Careers«, *American Journal of Sociology*, Mai 2008, https://www.jstor.org/stable/10.1086/588738?seq=1#page_scan_tab_contents, Zugegriffen am 02.04.2019

136 Eric Luis Uhlmann, Geoffrey L.Cohen, »›I think it, therefore it's true‹: Effects of self-perceived objectivity on hiring discrimination«, *Organizational Behavior and Human Decision Processes*, November 2007, https://www.sciencedirect.com/science/article/pii/S0749597807000611, Zugegriffen am 02.04.2019

137 Katie Baldiga Coffman, »Gender Differences in Willingness to Guess«, *Management Science*, 2013, https://sites.google.com/site/kbaldigacoffman/research

138 Lauren A. Rivera, András Tilcsik, »Scaling Down Inequality: Rating Scales, Gender Bias, and the Architecture of Evaluation«, *American Sociological Review*, 12.03.2019, https://journals.sagepub.com/stoken/default+domain/10.1177 Prozent2F0003122419833601-free/full

139 Buster Benson, »Cognitive bias cheat sheet, simplified«, 07.01.2017, https://medium.com/thinking-is-hard/4-conundrums-of-intelligence-2ab78d90740f, Zugegriffen am 02.04.2019

140 Matt Scott, »Top 10 Difficult Conversations: New (Surprising) Research«, 29.07.2015, Chartered Management Institute, https://www.managers.org.uk/insights/news/2015/july/the-10-most-difficult-conversations-new-surprising-research, Zugegriffen am 14.04.2019

141 Sheila Heen und Douglas Stone, »Find the Coaching in Criticism«, *Harvard Business Review*, 01/02 2014

142 Binna Kandola, *Racism at Work*, Pearn Kandola Publishing, 2018, Oxford und Sylvia Ann Hewlett and Tai Green, *Black Women: ready to lead*, CTI, 2015

143 Sylvia Ann Hewlett, Noni Allwood, Karen Sumberg & Sandra Scharf with

Christina Fargnoli, *Cracking the Code: Executive Presence and Multicultural Professionals*, CTI, 2013

144 *Women in the Workplace*, McKinsey und LeanIn, 2016

145 Paola Cecchi-Dimeglio, »How Gender Bias Corrupts Performance Reviews, and What to Do About It«, 12.4.2017, https://hbr.org/2017/04/how-gender-bias-corrupts-performance-reviews-and-what-to-do-about-it, Zugegriffen am 14.04.2019

146 Kieran Snyder, »The abrasiveness trap: High-achieving men and women are described differently in reviews«, 26.8.2014, http://fortune.com/2014/08/26/performance-review-gender-bias/, Zugegriffen am 14.04.2019

147 Shelley Correll und Caroline Simard, »Vague Feedback Is Holding Women Back«, 29.04.2016, https://hbr.org/2016/04/research-vague-feedback-is-holding-women-back, Zugegriffen am 14.04.2019

148 W. C. Howell und E. A. Fleishman, *Human Performance and Productivity.* Vol 2: Information Processing and Decision Making. Hillsdale New Jersey, 1982

149 Heidi Grant Halvorson, 9 things successful people do, Harvard Business Review Press, 2012, Boston

150 Originaltext: »I am giving you this comment because I have very high expectations and I know that you can reach them.« Eigene Übersetzung

151 Daniel Coyle, The Culture Code: *The Secrets of Highly Successful Groups*, Bantam, 2018, New York

152 Marcus Buckingham und Ashley Goodall, »The Feedback Fallcy«, *Harvard Business Review*, 03/04 2019

153 Marcus Buckingham und Ashley Goodall, ebenda

154 Edgar H. Schein und Peter A. Schein, *Humble Leadership: The Power of Relationships, Openness, and Trust*, Berrett-Koehler Publishers, 2018, Oakland

155 Angela Lee Duckworth & all, Self – regulation strategies improve self – discipline in adolescents: benefits of mental contrasting and implementation intentions, Educational Psychology , An International Journal of Experimental Educational Psychology, 2011

156 Originaltext: »We could see, just through the frequency, without knowing where they sat, who was on each floor.« Eigene Übersetzung

157 Originaltext: »Something as simple as visual contact is very, very important, more important than you might think. If you can see the other person or even the area where they work, you're reminded of them, and that brings a whole bunch of effects.« Eigene Übersetzung

158 Daniel Coyle, *The Culture Code*, Bantam Books, 2018, New York

159 Originaltext: »Rather than finding that the probability of telephone communication increases with distance, as face-to-face probability decays, our data show a decay in the use of all communication media with distance.« Eigene Übersetzung

160 Thomas J. Allen und Gunther Henn, *The Organization and Architecture of Innovation: Managing the flow of Technology*, Routledge, Taylor & Francis Group, 2007, New York

161 »Why You Should Rotate Office Seating Assignments«, *Harvard Business Review*, 03/04 2018

162 Nicholas Bloom, James Liang, John Roberts, Zhichun Jenny Ying, »Does working from home work?«, National Bureau Of Economic Research, March 2013, https://www.nber.org/papers/w18871.pdf , Zugegriffen am 03.05.2019

163 2018 Global State of Remote Work, OwlLabs, https://www.owllabs.com/state-of-remote-work

164 Joseph Vandello, Vanessa Hettinger, Jennifer Bosson und Jasmine Siddiqi, »When Equal Isn't Really Equal: The Masculine Dilemma of Seeking Work Flexibility«, *Journal of Social Issues*, June 2013, https://www.researchgate.net/publication/259740823_When_Equal_Isn't_Really_Equal_The_Masculine_Dilemma_of_Seeking_Work_Flexibility, Zugegriffen am 03.05.2019

165 Alternative Workplace Strategies, Fifth Biennial Global Benchmarking Study 2018, Juni 2018

166 Latest Telecommuting Statistics, Global Workplace Analytics, Stand 07/2018, https://globalworkplaceanalytics.com/telecommuting-statistics, Zugegriffen am 03.05.2019

167 Latest Telecommuting Statistics, ebenda

168 Nicholas Bloom, James Liang, John Roberts, Zhichun Jenny Ying, »Does working from home work?«, National Bureau Of Economic Research, March 2013, https://www.nber.org/papers/w18871.pdf , Zugegriffen am 03.05.2019

169 Adam Hickman und Ryan Pendell, The End of the Traditional Manager, *Gallup Business Journal*, May 31, 2018, https://www.gallup.com/workplace/235811/end-traditional-manager.aspx?

170 Adam Hickman und Ryan Pendell, ebenda

171 Befragung »Where and how work gets done«, Lisa Kepinski und Veronika Hucke, April bis Juni 2019

172 Heidi Grant Halvorson: *Nine Things successful people do*, Harvard Business School Publishing corporation, 2012, Boston

173 Richard Nisbett, *The geography of thought: How Asians and Westerners think different and why*, 2003, New York: Free Press

174 Veronika Hucke, *Mit Vielfalt und Fairness zum Erfolg*, Springer Gabler, 2017

175 Geert Hofstede, Gert Jan Hofstede und Michael Minkov, *Cultures and organizations: Software of the mind*, Mc Graw Hill, 2010.

176 Ernest Gundling und Anita Zanchettin, *Aperian Global, Global Diversity: Winning Customers and Engaging Employees within Markets*, Nicholas Brealey International, 2007

177 Erin Meyer, *The Culture Map*, PublicAffairs, New York, 2014

178 Erin Meyer, ebenda

179 Fons Trompenaars, Charles Hampden-Turner, *Riding the Waves of Culture*, 2..Ausgabe, Nicholas Brealey Publishing, 1997

180 Erin Meyer, *The Culture Map*, PublicAffaires, 2014

181 Ginka Toegel, Jean-Louis Barsoux, »3 Situations Where Cross-Cultural Communication Breaks Down«, *HBR*, 08.06.2016, https://hbr.org/2016/06/3-situations-where-cross-cultural-communication-breaks-down, Zugegriffen am 22.03.2019

182 Adaptiert von https://external-preview.redd.it/u895OhFuhxzZ9zozBbpe-TAoS4cc2JyImVaRm9YTulmA.jpg?auto=webp&s=828b5e3e2efc282f0bdf3b77651ebeff20c2640d, Zugegriffen am 22.03.2019

183 Jeanne Brett, Kristin Behfar Mary C. Kern, »Managing Multicultural Teams«, *HBR*, 11/2006, https://hbr.org/2006/11/managing-multicultural-teams, Zugegriffen am 22.03.2019

184 »Herausforderung Englisch als Unternehmenssprache«, Deutsche Welle, 11.12.2005, http://www.dw.com/de/herausforderung-englisch-als-unternehmenssprache/a-1805008. Zugegriffen am 22.03.2019

185 Jolanta Aritz, Robyn C. Walker, »Leadership Styles in Multicultural Groups: Americans and East Asians Working Together«, 29.01.2014, https://journals.sagepub.com/doi/abs/10.1177/2329488413516211, Zugegriffen am 22.03.2019

186 »Gen Y and the world of work: A report into the workplace needs, attitudes and aspirations of Gen Y China«, Hays, 2013.

187 Jeanne Brett, Kristin Behfar und Mary C. Kern, »Managing Multicultural Teams«, *HBR*, 11/2006, https://hbr.org/2006/11/managing-multicultural-teams

188 Erin Meyer, »Being the Boss in Brussels, Boston and Beijing«, *HBR*, Juli – August 2017

189 BVerfG, Beschluss des Ersten Senats vom 10. Oktober 2017 – 1 BvR 2019/16 – Rn. (1–69),

190 Joan C. Williams, Amy J. C. Cuddy, »Will Working Mothers Take Your Company to Court?« *Harvard Business Review*, September 2012

191 A. T. Kearney, »361°-Familienstudie ›Mehr Aufbegehren. Mehr Vereinbarkeit!‹«, Oktober 2016.

192 Yvonne Lott, »Weniger Arbeit, mehr Freizeit? Wofür Mütter und Väter flexible Arbeitsarrangements nutzen«, WSI, März 2019

193 Amy J. C. Cuddy, Susan T. Fiske und Peter Glick, »Warmth and Competence as Universal Dimensions of Social Perception: The Stereotype Content Model and the BIAS Map«, *Advances in Experimental Social Psychology*, Volume 40, 2008

194 Amy J. C. Cuddy, Susan T. Fiske, Peter Glick, »When Professionals Become Mothers, Warmth Doesn't Cut the Ice«, *Journal of Social Issues*, Vol. 60, No. 4, 2004

195 Amy J. C. Cuddy, Susan T. Fiske und Peter Glick, »Warmth and Competence as Universal Dimensions of Social Perception: The Stereotype Content Model and the BIAS Map«, *Advances in Experimental Social Psychology*, Volume 40, 2008

196 David G. Smith, Judith E. Rosenstein, Margaret C. Nikolov, »The Different Words We Use to Describe Male and Female Leaders«, *Harvard Business Review*, 25.05.2018, https://hbr.org/2018/05/the-different-words-we-use-to-describe-male-and-female-leaders

197 Originaltext: »Thus, high-achieving women experience social backlash because their very success – and specifically the behaviors that created that success – violates our expectations about how women are supposed to behave. Women are expected to be nice, warm, friendly, and nurturing. Thus, if a woman acts assertively or competitively, if she pushes her team to perform, if she exhibits decisive and forceful leadership, she is deviating from the social script that dictates how she ›should‹ behave. By violating beliefs about what women are like, successful women elicit pushback from others for being insufficiently feminine and too masculine « Eigene Übersetzung.

198 Marianne Cooper, »For Women Leaders, Likability and Success Hardly Go Hand-in-Hand«, *Harvard Business Review*, 30.04.2013, https://hbr.org/2013/04/for-women-leaders-likability-a, Zugegriffen am 10.04.2019

199 Originaltext: »I was routinely referred to as either a ›bimbo‹ or a ›bitch‹ – too soft or too hard, and presumptuous, besides.« Eigene Übersetzung.

200 Wei Zheng, Ronit Kark und Alyson Meister, »How Women Manage the Gendered Norms of Leadership«, *Harvard Business Review*, 28.11.2018,

https://hbr.org/2018/11/how-women-manage-the-gendered-norms-of-leadership, Zugegriffen am 10.04.2019

201 Heidi Grant Halvorson, *No one understands you and what to do about it*, Harvard Business Review Press, 2015, Boston

202 Amy J. C. Cuddy, Matthew Kohut und John Neffinger, »Connect, Then Lead«, *Harvard Business Review*, 07/08 2013

203 Amy J. C. Cuddy, Susan T. Fiske, Peter Glick und Jun Xu, »A Model of (often mixed) stereotype content: competence and warmth respectively follow from perceived status and competition«, *Journal of Personality and Social Psychology*, Vol. 82, 2002

204 Amy J. C. Cuddy, Susan T. Fiske und Peter Glick, »Warmth and Competence as Universal Dimensions of Social Perception: The Stereotype Content Model and the BIAS Map«, *Advances in Experimental Social Psychology*, Volume 40, 2008

205 Aaron D. Hill, Tessa Recendes, Jason W. Ridge, »Second – order effects of CEO characteristics: How rivals' perceptions of CEOs as submissive and provocative precipitate competitive attacks«, *Strategic Management Journal*, Mai 2019, https://onlinelibrary.wiley.com/doi/10.1002/smj.2986

206 Amy J. C. Cuddy, Susan T. Fiske und Peter Glick, »Warmth and Competence as Universal Dimensions of Social Perception: The Stereotype Content Model and the BIAS Map«, *Advances in Experimental Social Psychology*, Volume 40, 2008

207 Originaltext: »Most people assume it is possible to be an effective leader without being likable. That is technically true, however you may not like the odds«, says Jack Zenger. »We have calculated the probability as 0.052%. In a study of 51,836 leaders, we identified 27 who were rated at the bottom quartile in likability but were in the top quartile for overall leadership effectiveness.« – Eigene Übersetzung.

208 Jack Zenger, »The Unlikable Leader: 7 Ways To Improve Employee/Boss Relationships«, *Forbes*, 13.07.2013, https://www.forbes.com/sites/jackzenger/2013/06/13/the-unlikable-leader-7-ways-to-improve-employeeboss-relationships/#2115947f1da6, Zugegriffen am 10.04.2019

209 Deborah Tannen, *Talking from 9 to 5: How Women's and Men's Conversational Styles Affect Who Gets Heard, Who Gets Credit, and What Gets Done at Work*, 1994, William Morrow and Company, New York

210 Alison Wood Brooks, Hengchen Dai und Maurice E. Schweitzer, »I'm Sorry About the Rain! Superfluous Apologies Demonstrate Empathic Concern and Increase Trust«, *Social Psychological and Personality Science* 5, 2013

211 Nikhil Swaminathan, »Gender Jabber: Do Women Talk More than Men?«, *Scientific American*, 06.07.2007, https://www.scientificamerican.com/article/women-talk-more-than-men/, Zugegriffen am 20.04.2019

212 Deborah Tannen, »The Truth About How Much Women Talk — and Whether Men Listen«, *Time*, 28.06.2017, http://time.com/4837536/do-women-really-talk-more/, Zugegriffen am 20.04.2019

213 Victoria L. Bresccoll, »Who Takes the Floor and Why: Gender, Power, and Volubility in Organizations«, 29.02.2012, https://journals.sagepub.com/doi/abs/10.1177/0001839212439994

214 Elizabeth Sommers und Sandra Lawrence, »Women's ways of talking in teacher-directed and student-directed peer response groups«, *Linguistics and Education*, 1992, https://www.sciencedirect.com/science/article/pii/089858989290018R, Zugegriffen am 20.04.2019

215 Victoria L. Bresccoll, »Who Takes the Floor and Why: Gender, Power, and Volubility in Organizations«, 29.02.2012, https://journals.sagepub.com/doi/abs/10.1177/0001839212439994

216 Shelley Correll und Caroline Simard, »Vague Feedback Is Holding Women Back«, 29.04.2016, https://hbr.org/2016/04/research-vague-feedback-is-holding-women-back, Zugegriffen am 20.04.2019

217 LeanIn.Org und McKinsey & Company, »Women in the workplace 2016«

218 Deborah Tannen, »The Truth About How Much Women Talk — and Whether Men Listen«, *Time*, 28.06.2017, http://time.com/4837536/do-women-really-talk-more/

219 Madeline E. Heilman and Michelle C. Hayes, »No Credit Where Credit Is Due: Attributional Rationalization of Women's Success in Male-Female Teams,« *Journal of Applied Psychology* 90, no. 5 (2005): 905–26; http://gap.hks.harvard.edu/no-credit-where-credit-due-attributional-rationalization-women's-success-male-female-teams

220 Melissa Thomas-Hunt, Katherine W. Phillips, »When What You Know Is Not Enough«, 01.05.2007, KelloggInsight, https://insight.kellogg.northwestern.edu/article/when_what_you_know_is_not_enough, Zugegriffen am 20.04.2019

221 Ernesto Reuben, Pedro Rey-Biel, Paola Sapienza und Luigi Zingales, »The Emergence of Male Leadership in Competitive Environments«, IZA Discussion Paper, November 2010

222 Katherine B. Coffman, Clio Bryant Flikkema, Olga Shurchkov, »Gender Stereotypes in Deliberation and Team Decisions«, Harvard Business School Working Papers, 2019, https://www.hbs.edu/faculty/Pages/item.aspx?num=55539

223 Melissa Thomas-Hunt, Katherine W. Phillips, »When What You Know Is Not Enough«, 01.05.2007, KelloggInsight, https://insight.kellogg.northwestern.edu/article/when_what_you_know_is_not_enough

224 Jennifer L. Glass et al., »What's So Special about STEM? A Comparison of Women's Retention in STEM and Professional Occupations«, Oxford University Press, 21.08.2013,

225 »Bias Interrupters: small steps, big change, Identifying & Interrupting Bias in Performance Evaluations«, Center for WorkLife Law, 2016

226 Herminia Ibarra, Nancy M. Carter und Christine Silva, »Why Men Still Get More Promotions Than Women«, *Harvard Business Review*, September 2010

227 Paola Cecchi-Dimeglio, »How Gender Bias Corrupts Performance Reviews, and What to Do About It«, *HBR*, 12.04.2017, https://hbr.org/2017/04/how-gender-bias-corrupts-performance-reviews-and-what-to-do-about-it, Zugegriffen am 20.04.2019

228 »Bias Interrupters: small steps, big change, Identifying & Interrupting Bias in Performance Evaluations«, Center for WorkLife Law, 2016

229 Eric Luis Uhlmann, Geoffrey L. Cohen, »Constructed Criteria: Redefining Merit to Justify Discrimination«, *Psychological Science*, 01.06.2005, https://journals.sagepub.com/doi/abs/10.1111/j.0956-7976.2005.01559.x?journalCode=pssa, Zugegriffen am 28.04.2019

230 Originaltext: »my peer and equal, at least as worthy of the compensation that I receive as I am.« Eigene Übersetzung

231 Malcolm Gay, »BSO flutist settles equal-pay lawsuit with orchestra«, *Boston Globe*, 14.02.2019, https://www.bostonglobe.com/arts/music/2019/02/14/bso-flutist-settles-equal-pay-lawsuit-with-orchestra/0iRyJCdjtu1BLWCAoqfQDL/story.html

232 Originaltext: »Start by accepting that our minds are stubborn beasts. It's very hard to eliminate our biases, but we can design organizations to make it easier for our biased minds to get things right.« Eigene Übersetzung

233 Gardiner Morse, »Designing a Bias-Free Organization«, *Harvard Business Review*, 07/8 2016

234 Sabina Nawaz, »How to Create Executive Team Norms — and Make Them Stick«, *HBR*, 15.01.2018, https://hbr.org/2018/01/how-to-create-executive-team-norms-and-make-them-stick

235 Originaltext: »When I would walk backstage, if I saw a brown M&M in that bowl, well, we'd line-check the entire production. Guaranteed you're going to arrive at a technical error […] Guaranteed you'd run into a problem.« Eigene Übersetzung.

236 Atul Gawande, *The Checklist Manifesto: How to get things right*, Picador, 2010, New York

237 Exploring the Color of Glass: Letters of Recommendation for Female and Male Medical Faculty: https://journals.sagepub.com/doi/abs/10.1177/0957 26503014002277

238 Atul Gawande, ebenda

239 Amy Langfield, »›Queen Bee‹ stereotype in the workplace is a rarity«, 08.03.2013, https://www.today.com/money/queen-bee-stereotype-work-place-rarity-1C8768020, Zugegriffen am 23.04.2019

240 Originaltext: »I think people misunderstood our term. What they missed was the political climate and the sexist climate that created it.« Eigene Übersetzung

241 Originaltext: »There is never any ›King Rat‹ syndrome .An angry man is an angry man, but an angry woman is a bitch« Eigene Übersetzung

242 Olga Khazan, »Why Do Women Bully Each Other at Work?«, *The Atlantic*, September 2017, https://www.theatlantic.com/magazine/archive/2017/09/the-queen-bee-in-the-corner-office/534213/

243 Belle Derks und Naomi Ellemers, »Do sexist organizational cultures create the Queen Bee?«, *British Journal of Social Psychology*, 25.03.2011, https://onlinelibrary.wiley.com/doi/abs/10.1348/014466610X525280, Zugegriffen am 23.04.2019

244 Michelle Duguid, »Female tokens in high-prestige work groups: Catalysts or inhibitors of group diversification?«, *Organizational Behavior and Human Decision Processes*, September 20122, https://source.wustl.edu/2012/05/women-dont-advocate-for-other-women-in-highstatus-work-groups/

245 Michelle Duguid, ebenda

246 Cristian L. Dezső, David Gaddis Ross, Jose Uribe, Is there an implicit quota on women in top management? A large – sample statistical analysis, Wiley Online Library, 15.11.2015, https://onlinelibrary.wiley.com/doi/abs/10.1002/smj.2461

247 »Die Macht hinter den Kulissen: Warum Aufsichtsräte keine Frauen in die Vorstände bringen«, Allbright Stiftung, April 2019

248 Sarah Dinolfo, Christine Silva, Nancy M. Carter, »High Potentials in the pipeline: Leaders pay it forward«, Catalyst, 2012

249 Originaltext: »There is a special place in hell for women who don't help other women.« Eigene Übersetzung

250 Originaltext: »how safe we feel at work. Does our work give us a chance to thrive? Or are we feeling thwarted at every step?« Eigene Übersetzung

251 Olga Khazan, »Why Do Women Bully Each Other at Work?«, *The Atlantic*,

September 2017, https://www.theatlantic.com/magazine/archive/2017/09/the-queen-bee-in-the-corner-office/534213/

252 Allen, Tammy D., »Rewarding Good Citizens: The Relationship Between Citizenship Behavior, Gender, and Organizational Rewards« (2006). *Psychology Faculty Publications.* 28, https://scholarcommons.usf.edu/psy_facpub/28

253 Laurie A. Rudman, Peter Glick, »Prescriptive Gender Stereotypes and Backlash Toward Agentic Women«, *Journal of Social Issues*, Vol. 57, No. 4, 2001, https://wesfiles.wesleyan.edu/courses/PSYC-309-clwilkins/week4/Rudman.Glick.2001.pdf, Zugegriffen am 23.04.2019

254 Aarti Ramaswami, George F. Dreher, Robert Bretz und Carolyn Wiethoff, »Gender, mentoring, and career success: the importance of organizational context«, *Personnel Psychology*, 12.05.2010

255 Sylvia Ann Hewlett, »The Real Benefit of Finding a Sponsor«, *HBR*, 26.01.2011, https://hbr.org/2011/01/the-real-benefit-of-finding-a

256 Originaltext: »[...] a mentor talks with you, and a sponsor talks about you«, eigene Übersetzung

257 Catalyst, »Coaches, mentors, and sponsors – Understanding the differences«, 11.12.2014, https://www.catalyst.org/wp-content/uploads/2019/01/understanding_coaches_mentors_sponsors.pdf. Zugegriffen am 23.04.2019

258 Center for Talent Innovation, The Sponsorship Dividend, 2019, https://www.talentinnovation.org/_private/assets/TheSponsorDividend_Key-FindingsCombined-CTI.pdf

259 Sylvia Ann Hewlett, »Mentors Are Good. Sponsors Are Better«, *New York Times*, 13.03.2013

260 Sylvia Ann Hewlett, »As a Leader, Create a Culture of Sponsorship«, *HBR*, 08.10.2013, https://hbr.org/2013/10/as-a-leader-create-a-culture-of-sponsorship

261 Originaltext: »The evidence is really clear: if you have anxiety, there's only one treatment for that, that's exposure. So you've got to lean in, you have to have more coffees and more lunches and more conversations with women and do it publicly. If that's your brand, if that's who you are in the workplace, people don't talk about that guy. He is just known for being a great collaborator, equally for men and women. And that's just not a guy who has to have anxiety.« Eigene Übersetzung

262 David Smith und Brad Johnson, »When Men Mentor Women«, *HBR* Webinar, 23.10.2018, https://hbr.org/ideacast/2018/10/when-men-mentor-women.html

263 Sylvia Ann Hewlett, »Smart Leaders Have Protégés«, *HBR*, 09.08.2013, https://hbr.org/2013/08/smart-leaders-have-proteges

264 David Smith und Brad Johnson, »When Men Mentor Women«, *HBR* Webinar, 23.10.2018, https://hbr.org/ideacast/2018/10/when-men-mentor-women.html

265 W. Brad Johnson und David G. Smith, »Mentoring Women Is Not About Trying to ›Rescue‹ Them«, *Harvard Business Review*, 14.03.2018, https://hbr.org/2018/03/mentoring-women-is-not-about-trying-to-rescue-them, Wendy Murphy, »Advice for Men Who Are Nervous About Mentoring Women«, *Harvard Business Review*, 15.03.2019, https://hbr.org/2019/03/advice-for-men-who-are-nervous-about-mentoring-women

266 Emilia Bunea, Svetlana N. Khapova und Evgenia I. Lysova, »Out of Office«, *Harvard Business Manager*, Mai 2019

267 Jake Herway, »How to Create a Culture of Psychological Safety«, Gallup, 07.12.2017, https://www.gallup.com/workplace/236198/create-culture-psychological-safety.aspx?g_source=link_wwwv9&g_campaign=item_247799&g_medium=copy, Zugegriffen am 29.04.2019

268 Jane Smith, »What to Do if You're Surrounded by Yes-People«, Gallup, 15.03.2019, https://www.gallup.com/workplace/247799/surrounded-yes-people.aspx

269 Cailin O'Connor und James Owen Weatherall, *The Misinformation Age*, Yale University Press, 2019

270 Originaltext: »If differences are not valued, you get friction but no reward.« Eigene Übersetzung.

271 »Cultural Diversity at Work: The Effects of Diversity Perspectives on Work Group Processes and Outcomes«, 01.06.2001

272 Catalyst, »Inclusive Leadership: The View From Six Countries«, 2014

273 A. W. Woolley, C. F. Chabris, , A. Pentland, N. Hashmi, N. & T. W. Malone, »Evidence for a collective intelligence factor in the performance of human groups«, *Science*, 330(6004), 686–688, 2010, http://www.cs.cmu.edu/~ab/Salon/research/Woolley_et_al_Science_2010–2.pdf, Zugegriffen am 29.04.2019

274 Amy Edmondson, »Psychological Safety and Learning Behavior in Work Teams«, *Administrative Science Quarterly*, Vol. 44, No. 2, Juni 1999

275 Kathleen M. Eisenhardt, Jean L. Kahwajy, L. J. Bourgeois III, »How Management Teams Can Have a Good Fight«, *HBR*, Juli/August 1997, https://hbr.org/1997/07/how-management-teams-can-have-a-good-fight, Zugegriffen am 29.04.2019

276 Juliet Bourke, *Which Two Heads Are Better Than One?: How diverse teams*

create breakthrough ideas and make smarter decisions, Australian Institute of Company Directors, 2016

277 Daniel Coyle, *The Culture Code*, Bantam Books, 2018, New York und Peter Skillman, »Marshmallow Design Challenge«, Youtube, https://www.youtube.com/watch?v=1p5sBzMtB3Q, Zugegriffen am 22.04.2019

278 Originaltext: »The single biggest problem in communication is the illusion that it has taken place«, eigene Übersetzung.

Register